广东省专业技术人员继续教育公需科目教材
guangdongshengzhuanyejishurenyuanjixujiaoyugongxukemujiaocai

# 新时期广东生态文明建设

XIN SHIQI GUANGDONG SHENGTAI WENMING JIANSHE

主　编◎李　远　张修玉
副主编◎许振成　彭晓春

廣東省出版集團
广东人民出版社
·广州·

图书在版编目（CIP）数据

新时期广东生态文明建设／李远，张修玉主编．—广州：广东人民出版社，2013.4

ISBN 978-7-218-08645-3

Ⅰ．①新…　Ⅱ．①李…　②张…　Ⅲ．①生态环境建设－研究－广东省　Ⅳ．①X321.265

中国版本图书馆 CIP 数据核字（2013）第 077811 号

XINSHIQI GUANGDONG SHENGTAI WENMING JIANSHE

新时期广东生态文明建设

李　远　张修玉　主编



出 版 人：曾　莹

责任编辑：卢雪华

封面设计：李桢涛

出版发行：广东人民出版社

地　　址：广州市大沙头四马路 10 号（邮政编码：510102）

电　　话：（020）83798714（总编室）

传　　真：（020）83780199

网　　址：http://www.gdpph.com

印　　刷：广州骏通印刷科技有限公司

书　　号：ISBN 978-7-218-08645-3

开　　本：787mm × 1092mm　1/16

印　　张：13.25　　插　页：1　　字　数：200 千

版　　次：2013 年 4 月第 1 版　2013 年 4 月第 1 次印刷

印　　数：1－20,000 册

定　　价：28.00 元

如发现印装质量问题，影响阅读，请与出版社（020－83795749）联系调换。

售书热线：（020）87386743　13711119666　13925156809

# 目　录

# 序

党的十八大明确提出："把生态文明建设放在突出地位，融入经济建设、政治建设、文化建设、社会建设各方面和全过程，努力建设美丽中国，实现中华民族永续发展。"

生态文明作为人类文明的全新形态，延续了人类社会原始文明、农耕文明、工业文明的历史血脉。如果说原始文明是简单崇拜自然，农耕文明和工业文明是人类试图改造自然和征服自然，那么生态文明则是人类反省自己，主动回归和谐于自然。建设生态文明，不仅反映了人类文明的发展方向，更是中国特色社会主义理论体系的一个伟大创新，是我们党执政兴国理念的新发展，是建设美丽中国，实现"国家富强、民族复兴、人民幸福"伟大中国梦的必由之路。

生态文明，重在践行。生态文明建设的终极目标是"建设美丽中国，实现中华民族的永续发展"。然而，当前中国在环境、资源、人口等方面面临着巨大的压力和挑战，环境资源问题已成为制约中华民族永续发展的最短板块。要突破环境资源制约的瓶颈，加快推进生态文明建设的进程，必须充分认识生态文明建设的重要性、必要性、紧迫性，把生态文明建设放在突出地位，制定切实可行的规划，建立体现生态文明要求的目标体系、考核办法、奖惩机制，使建设生态文明真正成为全社会的自觉行动。只有这样，才能使生态文明建设真正融入经济建设、政治建设、文化建设、社会建设各方面和全过程，才能使"天蓝、地绿、水净"美好家园的目标变成现实。

空谈误国，实干兴邦。广东省作为改革开放的排头兵，在经济发展领跑全国的同时，深刻认识到“践行生态文明，建设美丽广东”的重要性和迫切性。从深圳、中山生态市的创建到中山、珠海生态文明试点城市的实践，从延绵5000多公里的珠三角绿道网络建设到“实施绿色发展战略、走生态立省道路”的提出，从淡水河、石马河流域污染整治到《南粤水更清行动计划》的实施，这些生动实践不仅是广东人民在生态文明建设中的创举，也是对建设“美丽中国”的有益探索。

建设生态文明，功在当代，利在千秋。本书以党的十八大精神为指导，系统论述了生态文明的理念、内涵、目标与本质，并结合广东省实际，在优化国土开发，建设绿色广东；促进资源节约，建设低碳广东；保护生态环境，建设优美广东；健全生态制度，建设幸福广东等几个方面，对新时期广东省生态文明建设进行了较为全面的论述，愿本书的出版能为建设“美丽广东”提供借鉴，为建设“美丽中国”添策添力。

中国生态文明研究与促进会常务副会长 祝光耀

2013年4月10日

# 第一章　生态文明新理念

## 一、生态文明战略背景

### （一）人类经济社会发展趋势呼唤生态环境新秩序

18 世纪工业革命使人类进入利用矿物制造系列工业产品的年代。工业产品使世界经济的分布格局发生了根本性的改变，财富迅速聚集到了以英国为首的少数几个工业大国手中。此后，尽管为了争夺市场，在 20 世纪上半叶连续发生了两次世界大战，下半叶为了意识形态出现了美苏二霸牵头的两大阵营对垒冷战，但一百多年来除了美国替代英国成为世界首霸，结算货币由英镑换为美元外，工业与财富集中在少数人手里的世界经济格局从未有大的改变。只是近三十年来，新自由主义创导的世界经济一体化在为工业化国家营造全球市场，转移利润低端制造业的过程中，无意将追求消费工业品的思潮洒向了全世界，进而从根本上引爆了全球工业化、商品化与城市化的浪潮。这股浪潮在使世界大部分人口脱贫致富的过程中，也将人类对自然资源的利用及对生态环境的污染与破坏推入了全球性阶段。现实经验告诉我们，实现工业化的过程没一例幸免于污染，发达国家依靠转移低端产业才根治了污染，后发展国家已无处可转移，显然，目前全球生态环境不足以支撑当今模式的经济社会发展。我们必须以新的视角审视我们的经济社会，建立生态环境新秩序，才能支撑人类的发展。

### （二）世界发展形势需要重建生态环境新秩序

#### 1．世界经济形态变化趋势正在发生逆转

世界财富仍然掌握在少数人手中，人均 GDP1 万美元以上的富裕国家约 15% 的人口仍然占有约 75% 的 GDP，但富裕集团的财力在迅速下降；包括中国的小康国家（人均 GDP 3000 ~ 9999 美元）人口迅速增加，约 43% 的人口已拥有约 20% 的 GDP，财力比例迅速增加；正在摆脱贫困的国家也

在迅速增加，约33%人口拥有约5%的GDP，饥饿线以下人口尚存约9%，其GDP可以略而不计贫困巨差的世界经济架构依旧，但发展的趋势已发生逆转。金融海啸过后，将沿着这种趋势继续迅速变化。世界上约76%的人口同时在依赖工业化致富，其共性制约因素必然是生态环境。

**2. 国际社会形态正在发生巨变**

世界人口城市化速度快于经济增长，三十年内有可能达到65%，地球村将快速成为地球城，甚至可能是贫困的城。世界经济一体化舶向全世界的不只是商品，更主要的是追崇商品的西方思维。经济、政治、军事、意识形态都将先后走向多极世界，而协调多极世界行动的准则将可能出现真空。而有希望填补这一真空的是重建生态环境新秩序的新理念。

**3. 全球生态环境不足以支撑当今模式的经济社会发展**

仅15%人致富，已干扰到了全球生态环境，到目前为止，实现了工业化的国家都经历了先污染后治理的过程。而且，发达国家依靠转移低端产业才根治了污染，后发展国家既污染不起也无处可转移；对于我国这样环境处于相对劣势的国家，生态环境对经济社会的制约已上升为发展的主要矛盾。

## （三）建立生态环境新秩序的紧迫性

**1. 应对全球生态环境问题刻不容缓**

全球性的工业化发展与工业商品高消费所引发的全球性生态环境问题日趋严重，必须全球共同应对，已刻不容缓。全球性的环境问题主要包括：

（1）气候问题。

气候变化是典型的全球性生态环境问题，它关系到全球经济和人类社会持续发展与平衡稳定的全局。一方面，全球气候变化可能会造成水和粮食等生物资源的短缺，从而增加贫穷现象，使生存条件恶化，诱发争夺资源控制的潜在危险，构成威胁国际社会稳定的隐患。另一方面，气候问题的日益严重将导致全球生态失衡，环境恶化，自然灾害频繁，这将使数以千万计的人背井离乡，沦为环境难民，形成生态难民潮，如应对不利，难民潮可能席卷全球。

根据政府间气候变化专门委员会（IPCC）的预测，到2100年止，全球的平均表面温度将相对1980—1999年的水平升高1.1℃到6.4℃，海平面则要相对升高18cm到59cm。在这过程中，热浪、暴风雨、干旱、热带气旋以及海啸可能会更加频繁，并在更大范围内或以更强的形式发生。由此造成的水资源短缺、饥荒、洪水和家园的破坏将会以人类尚未认识的严重势态持续发生。如果国际社会不立刻行动起来，切实控制气候问题的恶化，灾难性的后果也许是目前难以估量的。

（2）生物圈状况正在失衡。

人类是生物圈中的成员，人类活动对生物圈的影响越来越大，主要表现在三个方面：一是大规模地把自然生态系统转变为人工系统，严重干扰和损害了生物圈的正常运转，农业开发和城市化是这种影响的典型代表；二是大量取用生物圈中的各种资源，包括生物的和非生物的，严重破坏了生态平衡，森林砍伐、水资源过度利用是其典型例子；三是向生物圈中超量输入人类活动所产生的产品和废物，严重污染和毒害了生物圈的物理环境和生物组分，包括人类广泛施用化肥、杀虫剂、除草剂、工业和城市"三废"区域与全球性污染扩散等。

近年来，区域性的环境问题已开始发展成为全球性环境变化，威胁着包括人类在内的整个生物圈，维持与重建生物圈平衡、调整人类自身和自然关系，既是一项具有深远意义的战略行为，更是迫在眉睫的艰巨任务。

（3）资源能源消耗剧增。

资源和能源是人类现代经济社会发展不可缺少的物质基础。由于世界能源资源产地与能源消费中心的错位分布，随着世界经济的发展、世界人口的剧增和人的消费水平的不断提高，世界资源能源需求量持续大幅增大，世界矿物资源与能源的储量已在可估计的数十年或百年左右枯竭，由此导致对能源资源的争夺日趋激烈。且短期集中使用化石资源能源对环境的污染和全球气候的影响将日趋严重。面对以上挑战，如果我们能及时在科技方面取得突破性的进步和在政策上进行前瞻性引导，很大地提高能源效率，寻求新的清洁能源，则人类社会的经济才能持续发展。

（4）人为痕量毒害污染物全球扩散危及生态平衡。

环境痕量污染物（Environmental Trace Pollutions，ETPs）是相对于常见的常量污染物近年提出的新型污染物的总称，包括了持久性有机污染物（POPS）、内分泌干扰物（Endocrine Disrupting Chemicals，EDCs）、持久性毒害污染物（Persistent Toxic Substances，PTS）等等，其共同特点是在环境中很微量便能引起生物负面作用，通过食物链累积诱发生物突变或引起生态失衡等等，从而构成人类的健康风险。这类污染物来源非常广泛，几乎涵盖了现代人类的所有生产生活活动，如在工业生产中曾有意使用的多氧联苯以及无意在炼钢、造纸生产中产生的二噁英等；农用生产中广泛施用的农药、化学添加剂，及在日常生活中广泛使用的染料、清洁剂、化妆品、药品等等都含有环境痕量污染物。这些污染物以各种方式释放到环境中，四处扩散，已广泛地分布在全球各地，构成了全球性的环境问题。其中，有些污染物，如二噁英等甚至要影响几十年乃至几百年，成为人类考虑生态平衡中不可忽略的因素。

(5) 人为废物在地质纪系中留下印记。

现代人类生产与生活，每年产生的废物多达千亿吨。如据有关资料分析，光是生活废弃的塑料制品每年就多达 2.6 亿吨，其中不能自然循环的人为废物多达百亿吨。这些废物能得到有效控制的仅占少部分，大部分处于不受控状况，任意堆放或飘散到全球每个角落，并在自然力作用下不断聚散，如有报道称（《广州日报》2009 年 10 月 25 日），在太平洋最人迹罕至的中纬度地区，已聚集的废塑料超过了 700 万吨，水面蔓延的区域达到 140 万平方公里，水下沉淀厚度超过了 30 米，被戏称为“垃圾第八大陆”，这显然在地球的地质演变纪系中已留下了人类的明显印记。当前，全球的人为垃圾正已更快的速度膨胀，如再不实行全球有效的控制，将严重影响到全球生态环境的平衡。

**2. 中国生态环境已到了有史以来最危险的时候**

(1) 水环境呈流域蔓延性污染。

30 余年的改革开放使经济迅猛发展，所带来的诸多环境问题，尤以水流域蔓延性污染最为突出，已全面制约着全国社会经济的可持续发展。

数据显示，2008 年，全国地表水 746 个国控断面（13 个未报数据）劣Ⅴ类断面比例为 23.1%。七大水系国控断面Ⅰ～Ⅲ类水质比例为 55.0%，但劣Ⅴ类水质断面比例仍为 23.1%，总体呈中度污染，部分流域如黄河支流为重度污染，海河干流和支流均为重度污染。1986—2008 年，全国地表水体总氮、总磷浓度普遍有所升高，富营养化程度日趋严重。从水生态平衡的角度考虑，全国水污染的形势更加严峻，如不采取强有力措施对全国水体采取流域性系统控制，全国水环境面临全面失控的威胁。

值得注意的是，我国过去只关注治理已受到严重污染水体，但作为水源，则往往是水质降低，水体使用功能下降甚至消失，这不仅加剧了我国北方地区和城市的缺水问题，还使南方相对多水的地区和城市形成了“水质型”缺水。综合考虑我国的水量、水利、水质等发展趋势，我们正处于北方有河没水，南方有河没流，纵有万坝千库，难觅清水为源的“综合性缺水”的最危险时候。

（2）大气环境区域性变异。

2008年，全国23.2%的城市空气质量未达到国家二级标准。113个重点城市中，有48个城市空气质量达不到二级标准，城市空气中的可吸入颗粒物、二氧化硫浓度依然维持在较高水平。我国区域性大气污染问题日趋明显。长三角、珠三角和京津冀三大城市群占全国6.3%的国土面积，消耗了全国40%的煤炭，生产了50%的钢铁，大气污染物排放集中，重污染天气在区域内大范围同时出现，呈现明显的区域性特征。在辽宁中部城市群、湖南长株潭地区以及成渝地区等城市密度大、能源消耗集中的区域也出现了区域性大气污染问题。但目前城市大气污染治理“各自为战”，纷纷采取向周边近距离转移大气污染工业来解决区域大气污染。未建立有效的区域空气联防联控机制，难以从根本上解决区域和城市的大气环境问题。

随着国民经济的持续快速发展，能源消费的不断攀升，发达国家历经近百年出现的环境问题在我国近二三十年集中出现，我国大气污染正由城区、城郊发展为呈现区域性和复合型特征，存在着发生大区域大气质量严重快速下降的隐忧，大气环境形势仍然日趋严峻，区域性大气污染问题日趋明显。我国空气质量正在最危险时候。

（3）土壤污染状况失控。

土壤污染被称作“看不见的污染”，其他污染形式可以通过污水横流、黑烟滚滚、臭气熏天等外在表现形式向人们敲响警钟，而土壤污染却往往容易被人忽视，这种危害极大的污染就在这样的“温床”上无声无息地蔓延开来。

事实上，中国局部地区的土壤已受到不同程度的污染，在一定程度上已对生态环境、食品安全和农业可持续发展构成威胁。但我国土壤污染防治基础薄弱。目前，对土壤污染的面积、分布和程度掌握不清，导致防治措施缺乏针对性，防治土壤污染的法律还存在空白，土壤环境标准体系也未形成，缺乏对土壤污染的科学研究。群众和企业界对土壤污染的严重性和危害性缺乏最起码的认识，总之，全国土壤污染状况失控，而污染治理成本高且污染问题很难彻底根除。土壤是生态环境平衡的根基，土壤质量失控，也意味着生态环境最危险的时候到来。

（4）废物地质纪系正在中国形成。

我国超常规发展三十余年来，不但超常规地产生了巨量人为废物，而且为了资源与利润，众多企业还合法或非法地从发达国家引进了大量人为废物。但除了大、中型企业的废物与大、中城市的垃圾得到较好的控制外，全国多半的废物与垃圾处于失控，或完全没有管制的状况。废物与垃圾，已蔓延到了960万平方公里的每个角落。废物与垃圾长期堆积占用了大量土地，随地丢弃后进入土地影响了土壤构成，在日晒雨淋中污染了土壤，地下水与地表水所携带的环境痕量毒害污染物将会长期影响到整个生物圈的平衡。总之，人为废物在中华大地上大量大面积长期沉积，将会以地质纪系的形式存在。废物地质纪系正在我国形成。

（5）矿产资源能源滥采。

我国矿产资源储量总值居世界第三位，许多自然资源的总量都居世界前列，称得上是地大物博的资源大国。但我国人口众多，各类资源的人均占有量都是很少的。我国人均资源相对不足，人均占有量相当世界人均值的3/5，这是我国资源方面的基本国情。而且随着我国人口持续增多，各种资源的人均占有量还会继续下降。然而，在这样资源和能源紧缺的状况下，我国的开发和管理却非常粗放几乎是到了放任自流的地步。某些个人和企业，为追求高额经济利益，实行破坏性、掠夺性开采，既造成了国家资源的极大浪费，又助长了分配前所未有的不公，诸多资源濒临枯竭的危险。

（6）我国生物圈已到了最脆弱的时候。

我国位于世界最大的亚洲大陆东部，经纬向上的大跨度陆地，气候的多变性与地貌的多样性曾造就了我国生物圈中名列全球前茅的生态多样性。然而，经历5000年农耕文明的繁荣，现代人口基数的持续膨胀和近三十年的超常规发展，我国几乎所有典型的生态系统，包括森林、草原和高山草甸、海岸红树林、湿地农田等等，已全面退化并且呈破碎化、斑点化；本土物种锐减，外来侵害性物种剧增，诸多系统已失去自我持续平衡的能力。我国生物圈已到了最脆弱的时候。

（7）我国近海生态环境也将步入最危险状况。

我国18000公里海岸线几乎全部位于大陆架浅滩上，内陆上源源不断输入的营养物曾造就了近岸丰富多样的生态系统。但过度捕捞也已使近海生态呈退化状况；而且，为在世界经济一体化中争取主动，也为了保护中西部更加脆弱的生态环境与水源，我们必须依靠在滨海地区实施集约发展。由此，所造成的污染物排入近海，在许多地方超过了海洋的自净能力，再加上全国江河氮、磷等营养物急剧抬升，近海毫无节制的商品化养殖，已严重影响了我国领海的生态平衡，造成了赤潮频发等生态异常，显然，如不采取系统性的有效措施，我国近海生态环境也将步入最危险的时候。

综上可以看出，在全球环境问题日趋严重的大背景下，生态环境已成为我国发展的最短板块，而现行环境保护措施不足以支撑国家发展目标，我们迫切需要寻找一种全新的协调人与自然关系的发展方式，生态文明建设则成为我国实现可持续发展的战略选择。这就需要我们一方面必须以新思维谋求生态环境新支撑。要清醒地意识到人与自然对抗已进入尾声，人与生态环境相和谐的时期已经开始；要将经济社会工作的指导思想调整到以人与自然和谐为起点，在一切决策与规划中以生态环境平衡为基点，将每一项工作都嵌入生态环境的措施。另一方面必须以生态文明建设为抓手，推动生态环境平衡新秩序的建立。要以生态文明为奋斗目标凝聚全国人民意志；以生态文明建设为手段调动各部门与一切社会组织的积极性；以生态文明为理想调整现阶段我国日益激化的多方面矛盾，形成“五个文明”相互促进相互制衡的可控局面；以生态文明为指导有助于我国现阶段的发展推动人类文明进入新阶段。

### （四）生态文明从理念到战略

从发展是硬道理到科学发展观，到建设生态文明的中国特色环保新道路是对人类文明发展一重大贡献。

（1）十六大提出：“走出一条科技含量高、经济效益好、资源消耗低、环境污染少、人力资源优势得到充分发挥的新型工业化路子”。

（2）十七大提出：“建设生态文明，基本形成节约能源资源和保护生态环境的产业结构、增长方式、消费模式。循环经济形成较大规模，可再生能源比重显著上升。主要污染物排放得到有效控制，生态环境质量明显改善。生态文明观念在全社会牢固树立。”

（3）十八大提出：“建设生态文明，把生态文明建设放在突出地位，融入经济建设、政治建设、文化建设、社会建设各方面和全过程，努力建设美丽中国，实现中华民族永续发展”。

## 二、人类文明发展历程

一部文明兴衰史，从一定意义上讲，也是人类征服自然、盘剥自然并最终自食恶果的辛酸史。人类历史经历了以下几个阶段：一是两百多万年的自然原始的采猎文明，又称原绿色文明；二是始于一万年前的过渡开垦后的农耕文明，又称黄色文明；三是三百多年污染严重的工业文明，又称黑色文明；四是正在萌芽与壮大的生态文明，我们把它称为绿色文明。工业文明带来的直接后果是人类对自然的巧取豪夺和对自然环境的肆意践踏，人类生存受到威胁。痛定思痛，一切有良知的人们在呼吁猛醒和反思，呼吁建立一个以环境保护为标志的、人与自然和谐相处的生态文明社会。

### （一）采猎文明

在人类产生以来99%以上（二百多万年）的时间里，即从二三百万年前人类在地球上诞生到一万年前农牧业的出现，被称为采猎文明时期。在这漫长的岁月里，人类不仅只是大自然整体中平等的一员，而且可以说是没有什么力量，没有什么权力的一员。人们自发地将自己融入自然界，人的生存状态和其他生物并没有什么明显区别。由于生产力水平极其低下，人类的认识水平非常有限，人们只能依靠自然界现成的生活资料和生产资料勉强维持生活，如采集果实、狩猎等。在受自然力支配和摆布的情况下，人类的精神生活水平同样低下，主要的精神活动是原始图腾和自然崇拜。正如马克思所说的：“自然界起初是作为一种完全异己的，有无限威力和不可制服的力量与人们对立的，人们同它的关系完全像动物同它的关系一样，人们就像牲畜一样慑服于自然界。”人类把自然视为无穷力量的主宰，视为某种神秘力量的化身，通过采取宗教仪式对其表示顺从、敬畏，祈求他们的恩赐和庇佑。人们在狩猎过程中都要举行一定的仪式，哪怕是猎物被捕杀以后也要举行仪式，以防猎物死后进行报复。在整个这一时期里，人类是非常被动的，人类的生存完全依赖于自然环境，人们对自身赖以生存的食物生产过程没有多少干预。那时的人们还没有学会制造生产工具，只是用捡来的石块或木棒等进行狩猎活动，生活资料仅限于自然界现存的东西，人们的消费水平非常低，产生的废物也基本上能够被自然系统自行消纳。人类活动对自然环境的影响是微乎其微的，人与自然保持着原始和谐的关系。

人类生活一刻也离不开森林与水。正是由于森林和水与生命之间有着这种特殊密切关系和人类生存与发展对森林和水的依赖和持续需求，使得森林和水成为人类文明的源泉。为取得生活生产所需要的水同时又防御和躲避水害，往往采取"逐水草而居"、"择丘陵而处"、"刳木为舟"、"结网而渔"，依靠森林与天然江河湖泊维持原始的采集和渔猎生活。在人类产生、发展文明的漫漫历史长河中，人类与森林有着血肉难分的关系。人类的祖先由森林动物的一员，逐渐演化成今天的人，从森林中走出来，并依靠森林得以生存。早期人类所获得的食物、衣物、栖息地等，均与森林息息相关。刚刚脱离动物界的猿人，抗拒自然灾害的能力很有限，他们对自然的依赖性很大。恩格斯曾指出：人类的童年，"人还住在自己最初居住的地方，即住在热带的或亚热带的森林中。他们至少是部分的住在树上，只有这样才可以说明，为什么他们在大猛兽中间还能生存。"事实上，远古先民的衣、食、住、行种种需要，多数仰仗于森林的无私贡献。中国古代就有"食禽兽之肉，采树木之实"、"构木为巢"、"刳木为舟"等说法。如上所述，当时的劳动工具、战斗武器也大多取材于森林。在人类发明用火之前，人们的物质生活主要依赖于森林环境，想要远离森林去谋生，在当时是不可想象的。

人类使用火以后，情况发生了变化。火可以用于照明、取暖、烧熟食物、驱除野兽，火使人类喝上开水、吃上熟肉和其他煮熟的食品，结束了茹毛饮血的时代。人们最初是从自然因素引起的森林火灾中得到的启发。大家认识到火焚森林，可以得到很多因烧烤或窒息而死伤的禽兽，从而更容易获取猎物，于是有了火猎。熊熊的林火给远祖们带来了丰盛的食物和极大的欢乐。由于人类食熟肉，大脑得到了飞速进化，人类的智力得到飞跃性的发展，再一次推动了人类文明的进步。然而森林焚烧容易恢复难，森林着火以后很难扑灭，常常蔓延焚烧几十里、上百里。当附近森林被焚毁以后，野生禽兽乃至野生果实变得稀少而难以寻觅。于是，原始部落的成员不是大批饿死，就是被迫远徙，甚至出现人吃人的现象。种族的繁衍和物质文明的发展受到极大威胁。"火猎"导致的森林破坏，产生了人类史上最初的生态危机，导致了人口萎缩和文明衰退。这种自然中心主义的文明是人类尚无力自主地利用森林的表现。

### （二）农耕文明

大约在一万年以前，人类开始有意识地从事谷物栽培。人们开辟农田，驯化可食用的动物，标志着人类史上一个崭新的文明时代的开始。阿·托夫勒称之为第一次浪潮。农耕文明，又称农业文明，是指由农民在长期农业生产中形成的一种适应农业生产、生活需要的国家制度、礼俗制度、文化教育等的文化集合。农耕文明集合了儒家文化，及各类宗教文化为一体，形成了自己独特的文化内容和特征，但主体包括国家管理理念、人际交往理念以及语言、戏剧、民歌、风俗及各类祭祀活动等，是世界上存在最为广泛的文化集成。甘肃秦安大地湾遗址考古向世人宣告，有据可考的华夏文明已有 8000 多年的历史。考古史料证明，8000 多年前我们的先民们就创造了文字，有了旱作农业文明，建设了令当代人赞叹不已的人居生态，绘出了盘古开天地的多彩画面，制造出世界上最早的彩陶，建筑了人类“原始会堂”，设计出“城镇化”的建筑群等。这些考古证据说明，中华民族的祖先是生态文明理念的最早实践者。早在先秦时期，黄河中上游一带气候温和，植被茂密，整个黄土高原森林覆盖率超过 50%，先民们在那里逐水而居，繁衍生息，创造了辉煌的华夏文明。

人类在长期采集野生植物等劳动过程中发现，遗弃的种子能长出植物来，于是开始模仿自然进行有目的地种植。种植技术导致了农业的出现。人们开荒种地，逐渐定居下来。同样地，人们把捕获且剩余的猎物圈养起来，让它们不断地进行再生产，于是畜牧业也出现了。如同最初技术方面的成就一样，人是从自然那里学会的，但这是一种高层次的学习：人不是学习如何更好地同自然作斗争，而是学习如何模仿它、引导它。有了农耕，人类的食物在很大程度上得到了保障，人类逐步结束了漂泊不定的游猎生活，建立起一座座的村庄。由于农耕极大地提高了社会生产力，社会缓慢地出现了阶级分化和城市、国家。所以，农耕的出现是人类文明的极大进步，是人类史上划时代的事件。

然而农耕的出现，却使人类与森林环境之间产生了新的变化，出现了既对立又统一的新的矛盾关系。人类的农耕，其目的是生产可食用植物，为扩展农业用地，就必须有意识地毁灭森林，永久性地占用大量林地。这就使人类和森林的关系发生了新的复杂变化。在“杖耕火种”、“刀耕火种”过程中，人类是以不断破坏森林而获得谷物的。“神农氏教民稼穑”之传说是人类利用森林产物作为耕种工具的有力证明之一。在农业得以长足的发展之后，人口扩张成为当时文明的必然。尽管人类对森林土地的大面积开垦，使人类真正走出了森林，走向自主，但人类并未脱离对森林的依赖。房屋建设、烧柴煮饭、烧炭取暖、金属冶炼、烧制陶瓷等，均大量消耗木材。依当时的文明与技术，离开木材是难以生存的。

在农业社会里，人们使用的能源都是生物能源，所使用的资源是大气资源、水资源、土地资源和生物资源；手工业的规模较小，在经济中所占的比重不大并且加工的都是初级的手工产品；社会产品一般都有可再生性，生产和生活过程中所产生的废物大部分能够被自然系统自行消化吸收。在农业生产中，农民同土地、同大自然保持着天然的接触，容易形成尊重自然规律、与自然和谐共处的思想观念。但是，随着自然界人化过程的进一步发展，生产工具和农业技术不断进步，人类的生产力和生活水平提高了，这样一来就为人类的迅速繁衍创造了条件，而人口的增加又迫使人们加大对自然资源开发的广度和深度。慢慢地，人类对自然环境的影响加大了，亦曾产生了一些环境问题。大量砍伐森林和过度开荒造成了严重的水土流失，过度放牧破坏了草原植被。然而，这一时期人们对自然的改造和变革还处于幼稚阶段，还不具备对自然进行根本性改造和变革的能力。在这一时期人类的生产和生活对自然界的影响还是比较小的，破坏的范围也是局部性的，人与自然保持着基本的平衡关系。

## （三）工业文明

### 1. 前工业文明——机器革命

相对于采猎文明与农耕文明，始于三百多年前的工业文明是最富活力和创造性的文明。工业社会是唯一的一个依赖持续的经济增长而生存的社会。由财富的不断增长所要求，工业社会离不开创新，创新是工业社会生死攸关的基础。由创新所要求，工业社会中的知识增长也是无止境的。农业社会也曾有过发明和改进，有时发明和改进的数量和规模还相当大，但是，这种进步不是持续不断的，即使是进步最快的农业社会（如我国唐宋时期），其创新的数量、水平和影响也远远不能和工业社会相比。农业社会的本质要求相对静止的社会和稳定的分工，工业社会的本质要求永远的创新和变化。无限增长需要高生产率，高生产率需要发达的分工，还要求这种分工必须有不断的、有时是迅速的变化，因为创新不停地带来新的分工和新的产业。因此工业社会有着比农业社会多很多的职业，但它们存在的时间都很短暂。这个社会中的人一般不会终身呆在同一个位置上，他必须时刻准备着从一种职业转换到另一种职业。因而这是一个没有严格划分职业的世界，人们可以任意选择职业。因此一个成熟的工业社会必须是其成员能够顺利地交流和流动（包括空间的和职业的）的社会。这也就是为什么迁徙自由和择业自由被工业社会视为基本人权的经济根源。

综观世界，大规模开发利用森林是工业初期第一产业的重要组成部分。许多国家都是通过发展森林工业取得发展其他产业所需的资本和原材料，去推动整个工业化进程。这也是发达国家都在资本原始积累期间经历过无林化阶段的根本原因。如苏联在内战结束后不久，不仅把森林作为获取经济建设所需的原材料和燃料的重要源泉，还一度把森林作为获取外汇的重要源泉。在1921—1927年间，木材出口总额占苏联出口总额的68%～87%。我国"一五"期间，森林工业利润缴库达23.7亿元，占全国工业企业利润缴库额的10.5%，在全国10个主要工业部门中占第4位。英国毛纺业等工业的发展，使大量森林消失，到20世纪初森林覆盖率下降到5%左右。法国工业革命的兴起，也使森林覆盖率从原始的60%～70%下降到19世纪中叶的13%左右。这些事例说明，以开发利用天然林为对象的森林工业在发展现代经济中的基础作用。

在经历了中世纪的漫漫长夜后，文艺复兴运动将人权从神权的桎梏中解放了出来，科学获得了解放。随着古希腊光辉形象的再现和近代自然科学的兴起，人类征服自然和改造自然、改善自身生存条件的愿望变得越来越强烈。以蒸汽机的广泛运用为标志的第一次工业革命和以电力的广泛利用为标志的第二次工业革命大大地增强了人类征服自然、改造自然的能力，在短短的二三百年里，人类所创造的物质财富比以往任何时候都要多得多。在这一路高歌猛进的过程中，人类的理性获得了独立，人作为主体的地位得到了显著的增强。人类在大自然面前第一次感到自己是主人，是高高在上可以将地球踩在脚下的主人。人们喜不自胜，对生产力的崇拜情结油然而生。自然界由人们效仿的榜样变成了人类征服和索取的对象，人站在了自然界的对立面。自然界的强力报复也使人类付出了惨重的代价。"人类好像在一夜之间突然发现自己正面临着史无前例的大量危机：人口危机、环境危机、粮食危机、能源危机等等这场全球性危机程度之深，克服之难，对迄今为止指引人类进步的若干基本观念提出了挑战。”由于人类大规模地征服、改造和利用大自然，人与自然的关系日渐失衡，人类陷入了全球性生态危机的深层困境之中。

**2. 后工业文明——信息革命**

始于半个多世纪前的信息革命对人类文明产生了重大影响。在纵向的历时态上，它将人类社会推进到继农业文明、前工业文明之后的信息文明时代。在横向的共时态上，它将人类推进到社会文明、物质文明、精神文明、政治文明全面协调和可持续发展的新阶段。现代的交通与通信使地球已成为一个地球村。这标志着人类已进入信息社会，已有条件以信息文明的全部成就作为手段对全球生态资源和人力资源进行有效管理。

自 20 世纪 40 年代中期计算机问世以来，在全世界范围内兴起的第一次信息革命对人类社会产生了空前的影响，信息产业应运而生，人类迈向信息社会。到 90 年代初期，美国每年应用计算机完成的工作量相当于 4000 亿人一年的工作量。以信息技术为基础的产业已占发达国家内生产总值的一半以上。在世界各国纷纷提出建信息高速公路之际，1993 年初，美国新总统克林顿上台后不久就提出兴建“信息高速公路”计划，并授权成立了“信息基础设施特别小组”，由商务部长罗恩·布朗领导，副总统戈尔、总统经济顾问委员会主席劳拉·泰森以及一批经济、法律、技术专家和电信工业界代表组成。特别小组的核心成员每星期都在白宫聚会讨论。美国政府制定“信息高速公路”的政策基于 5 项原则：其一，鼓励私人企业增加投资；其二，促进并保护私人企业间的竞争；其三，公众都有机会获得服务；其四，避免在信息拥有方面出现“贫富不均”现象；其五，维护技术设计上的灵活性。

“信息高速公路”掀起的信息革命特征是网络化、多媒体化。“信息高速公路”能传递数据、图像、声音等信息，其服务范围包括教育、卫生、娱乐、商业、金融和科研等，并将采取双向交流形式。在当今经济竞争中，谁掌握信息并使之转化为经济优势，谁就将取得胜利。著名美国未来学家阿尔文·托夫勒在他的《力量转移》一书中指出：以信息为基础创造财富体系的崛起是当代经济方面最重要的事情，知识已成军事和经济中最重要的因素。日本全国科技政策研究所预测，从 2011—2020 年的 10 年内，人类知识将比现在增加 3 ~4 倍。美国《未来学家》1994 年 1—2 月号载文指出，到2110年，信息技术应用范围将涉及90%的劳动力，大大促进经济的发展，改变人们的生活和工作方式。

### （四）生态文明

生态文明的基本涵义是指人类在物质生产和精神生产的过程中，充分发挥人的主观能动性，按照自然环境系统和社会环境系统运转的客观规律，建立起来了人与自然、人与社会的良性运行机制、和谐协调发展的文明形态。

全球性环境问题的凸显使得人们不得不对自己同自然的关系进行深刻的反思，不得不批判主客体绝对对立的天人观，并着手谋求人与自然的和谐。人类必须对自己的行为做出认真的反思，必须对传统的自然观进行一场根本的变革，必须对传统的发展模式进行重大的调整，否则人类将毁掉赖以生存的唯一的地球。日益严峻的生态危机给人类敲响了警钟，人类开始呼唤一种新的文明——生态文明。生态文明的基本理念可以由自然观、价值观和道德观三个维度去论述。

生态自然观是以系统论、生态学等现代科学为基础，在生态价值观的影响下形成的，它进一步丰富了马克思主义的辩证自然观。生态自然观认为：地球相对于宇宙来说是一个封闭和孤立无援的系统，其资源能源和自身容量都是有限的，它的物质和能量只能从可利用到不可利用，从有效到无效，从有序到无序……这样一个方向演进。任何超过环境承受能力的物质、能量的消耗都会导致整体的变化以致某方面功能的消失。这种自然观主张人是自然的一部分，是自然界中平等的一员，自然界本身也有发展权，人类必须尊重自然界中其他伙伴而且要尊重自然本身；人类活动必须考虑自然成本。

生态文明价值观可以从四个方面进行论述：首先，人的存在不但要对社会、对他人有用，而且要对自然界的一切生命以及生命赖以生存的环境负责，承担义务和责任，因为人有主观能动性，所以对他所承担的义务和责任要做得更好些，这样才体现人的价值的全面性。其次，自然界中的一切生命种群对于其他生命以及生命赖以生存的环境都有其不可忽视的存在价值。在价值观念上，既要突破把经济效益凌驾于社会效益之上的价值观，也要突破那种认为工业增值多而农业增值少的价值观念。我们要树立起一种新的生态价值观：人是自然的一部分，人与自然的利益和命运休戚与共。人类要想持续发展就必须充分认识自然的价值，尊重和保护自然，与自然和谐相处。再次就是要努力转变经济发展模式，积极发展生态产业。传统的经济模式是“两高两低”的发展模式即高投入、高消耗和低产出、低效益的发展模式，经济的增长是以资源的浪费和环境的恶化为代价的。要按照生态化的要求发展科学，进而形成有利于节约成本、美化环境的技术，实现物质、能量、信息的自然循环与社会循环的协调一致。经济发展模式要实现由资源型经济向效益型经济转化、由污染型生产向清洁生产转化，积极发展以生态产业为目标的农业、工业、信息业与服务业。最后就是要建立起符合生态文明的社会制度。为了解决环境污染问题，要从政治、经济、法律、教育等方面规范和约束人们的行为，建立起有利于维护生态平衡的法规与机构，加强国家对于资源开发和环境保护的宏观调控作用。

生态文明的道德观认为，人们在生存和发展过程中，要把人类的道德认识，从人与人、人与社会的关系，扩延到人与人、人与社会、人与自然的关系。在充分认识自然的存在价值和生存权利的基础上，增强人们对自然、对人类代内关系和代际关系的责任感和义务感，协调人与自然、人与社会的关系，达到三者共生共荣、共同发展。要建立以实现人与自然和谐为宗旨的生态文明，就是要确立以人为本的观点，包括协调发展战略和可持续发展战略，它以全球意识、整体意识、生态意识等为其具体的观念性构成要素。它承认人是自然界的一部分，认为保护自然也就是保护人类自身。在生态平衡系统中，人虽然处于主导地位，是管理者，但人不可以凌驾于自然之上。人本观认为，无论是什么民族、国家、地区，也无论有什么特殊信仰和特殊利益，在对待自然的态度上都要牢固树立人类整体意识。其含义有两层：一是指代内人类整体利益；二是指代际人类整体利益。与此同时，人类必须从全球生态系统的视角来提高人类整体环境意识，建立起有权威的国际性组织和协调机构，以解决当前人类面临的共同的生存困境。

## 三、生态文明理论内涵

### （一）生态文明理念

生态文明是人类文明发展的一个新的阶段，即工业文明之后的世界伦理社会化的文明形态；它是人类遵循人、自然、社会和谐发展这一客观规律而取得的物质与精神成果的总和；它以人与自然、人与人、人与社会和谐共生、良性循环、全面发展、持续繁荣为基本宗旨的文化伦理形态。从人与自然和谐的角度，结合党的十八大新的理论阐述，可以说生态文明是马克思主义中国化的最新成果，是人类为保护和建设美好生态环境而取得的物质成果、精神成果和制度成果的总和，是贯穿于经济建设、政治建设、文化建设、社会建设全过程和各方面的系统工程，反映了一个社会的文明进步状态。这种状态是人类主动改变经济社会发展的模式和行为方式，以自身的文明与进步不断拟合生态环境平衡的规律而逐步形成的，是人类由必然王国走向自由王国的标志。"建设生态文明"更是党领导的全国人民向全人类所做出的郑重承诺：中国在和平崛起和现代化建设中，决不以损害人类共同家园为代价；中华民族将在世界民族之林中努力探索一条同时实现物质丰富、社会稳定、政治平等、文化繁荣、生态文明的中国特色社会主义的新型文明之路。

生态文明的提出，是中国共产党人以马列主义、毛泽东思想为指导，以历史唯物论全面深入剖析人类发展历史的基本规律，以唯物辩证法剖析人类发展新阶段的新特征，以邓小平理论和"三个代表"重要思想为破解新难题的指导，深入贯彻落实科学发展观，坚持实事求是，面对现实、面向未来，坚持与时俱进，以理论创新解决发展中的环境短板、突出难题的重大决策，也是对人类文明理念的新发展。它不但要求我们统筹有关环境保护各方面的工作，而且需要全面推进发展布局、国际合作、生产方式、生活方式与价值观念等方面的变革，进而持续促进社会形态、政治状况、精神面貌、财富结构等方面的重大进步。总之，生态文明的建设将通过多种渠道对人类社会的生存和发展进行全面的引导和调整，从而不断充实与完善我国社会主义特色的科学发展道路。

### （二）生态文明目标

党的十八大报告明确提出，建设生态文明，是关系人民福祉、关乎民族未来的长远大计。面对资源约束趋紧、环境污染严重、生态系统退化的严峻形势，必须树立尊重自然、顺应自然、保护自然的生态文明理念，把生态文明建设放在突出地位，融入经济建设、政治建设、文化建设、社会建设各方面和全过程，努力建设美丽中国，实现中华民族永续发展。

坚持节约资源和保护环境的基本国策，坚持节约优先、保护优先、自然恢复为主的方针，着力推进绿色发展、循环发展、低碳发展，形成节约资源和保护环境的空间格局、产业结构、生产方式、生活方式，从源头上扭转生态环境恶化趋势，为人民创造良好生产生活环境，为全球生态安全作出贡献。

一是要优化国土空间开发格局。要按照人口资源环境相均衡、经济社会生态效益相统一的原则，控制开发强度，调整空间结构，促进生产空间集约高效、生活空间宜居适度、生态空间山清水秀，给自然留下更多修复空间，给农业留下更多良田，给子孙后代留下天蓝、地绿、水净的美好家园。加快实施主体功能区战略，推动各地区严格按照主体功能定位发展，构建科学合理的城市化格局、农业发展格局、生态安全格局。提高海洋资源开发能力，坚决维护国家海洋权益，建设海洋强国。

二是要全面促进资源节约。要节约集约利用资源，推动资源利用方式根本转变，加强全过程节约管理，大幅降低能源、水、土地消耗强度，提高利用效率和效益。推动能源生产和消费革命，支持节能低碳产业和新能源、可再生能源发展，确保国家能源安全。加强水源地保护和用水总量管理，建设节水型社会。严守耕地保护红线，严格土地用途管制。加强矿产资源勘查、保护、合理开发。发展循环经济，促进生产、流通、消费过程的减量化、再利用、资源化。

三是要加大自然生态系统和环境保护力度。要实施重大生态修复工程，增强生态产品生产能力，推进荒漠化、石漠化、水土流失综合治理。加快水利建设，加强防灾减灾体系建设。坚持预防为主、综合治理，以解决损害群众健康突出环境问题为重点，强化水、大气、土壤等污染防治。坚持共同但有区别的责任原则、公平原则、各自能力原则，同国际社会一道积极应对全球气候变化。

四是要加强生态文明制度建设。要把资源消耗、环境损害、生态效益纳入经济社会发展评价体系，建立体现生态文明要求的目标体系、考核办法、奖惩机制。建立国土空间开发保护制度，完善最严格的耕地保护制度、水资源管理制度、环境保护制度。深化资源性产品价格和税费改革，建立反映市场供求和资源稀缺程度、体现生态价值和代际补偿的资源有偿使用制度和生态补偿制度。加强环境监管，健全生态环境保护责任追究制度和环境损害赔偿制度。加强生态文明宣传教育，增强全民节约意识、环保意识、生态意识，形成合理消费的社会风尚，营造爱护生态环境的良好风气。

## （三）生态文明本质

### 1. 人与自然关系进入和谐新时期

在哲学的意义上，人与自然的关系是地球作为宇宙中特殊的天体演变发展过程中的一段。人类源自于自然、对抗于自然、驾驭于自然，最终必然融合回归于自然。人类与自然之间的关系贯穿人类由必然王国走向自由王国的全过程，这全过程包括奴隶、对抗到和谐三个发展时期，如图1－1所示。

图1－1 人类与自然关系的演变

在人与自然对抗时期，人类经历了四个阶段的人与自然抗争，即：使用工具猎采的“操戈抗争”、农耕文明的“守阵抗争”、工业文明全面开发自然资源的“掠夺抗争”，以及城市化以来人类不得不在自己建设的家园内与自己造成污染对抗的“同城抗争”。当前，全球越来越多的人们往城市里挤，希望及早尽多地享受到物质文明，而在城里的人们又忧心忡忡于生态环境的破坏，力图重建新的生态平衡。显然，这种人类社会发展的势态预示着工业化在全球的扩展与普及将推动人与自然对抗走向末期。如何进入人与自然关系的和谐新时期是人类社会面对的共同话题，更是居后而上、高速发展中的中国必须优先探索的课题。

### 2. 人类必须主动和谐于自然

现代人虽然已经能登月潜海，然而，与浩瀚的宇宙相比，人类活动的范围还是有限的。在讨论人与自然的关系时，为更切合实际，我们可将人类活动所能直接或间接涉及的自然范围定义为生态环境，也即涉及到人与其他生物的自然环境。事实上，生态文明所追求的只能是经济社会发展与生态环境平衡处于可持续发展的协调状态。这种状态是人类主动改变经济社会发展的模式，以自身的文明与进步不断拟合生态环境平衡的规律而逐步形成的。

经济社会发展作为地球人类自身最具活力的现象，也奠定了人类在已知宇宙中独一无二的特殊地位，但是，生态环境平衡及其循环演变依然只服从于自然规律。虽然人们已经认识并利用了大量的自然规律为自身的发展服务，然而，目前及以后可预见的一个相当长时期内，人类还面对着更多未知的生态环境平衡规律需要探索和认识，没有能力去彻底改变生态环境平衡的根本规律。因此，人类若干个世纪内的发展，仍然只能是不断深化认识必然王国的规律，更巧妙地利用这些规律以走向人类不断改变人类生活的自由王国，而不是其他。

在地球生物进化的漫长历史中，人类长期以来是大自然的奴隶。在数百万年前，尽管人类的祖先已学会使用工具，进入狩猎文明时代，但这只增强了人类对抗其他物种，维持生存的能力；而经历近一万年的农耕文明，虽然人类的经济活动与社会结构的发展使人彻底区别于动物，形成了人类社会与生态环境二元结构，但人对自然仍然只能是顶礼膜拜。只是近二百年来，人类创造了工业文明，经济社会的活动能力以几何级增长，以至于已能够干扰到地球生态平衡过程，于是人类不但千方百计要挣脱受奴役于自然的境地，而且，人类以对抗的形态对待自然，将其视为外部事物，将其摆在人类经济社会的对立面，对自然资源进行掠夺式的开发，对生态环境以自己的意愿为中心进行改造，将经济社会活动产生的废物随意抛回环境。如此，人类发展的欲望得到了很大的满足，人口增长了10倍，2008年，达到了近68亿，财富翻了十番，达到了近56万亿美元，人造的材料与物品更像是火山爆发所喷出的灰尘多不胜数，飘遍全球每个角落，人们往返于全球每个角落已胜似闲庭信步。

然而，近五十年来，人类终于逐步意识到，这种企图以主人公恣意奴役生态环境的发展模式的极其有限性。事实上，人类财富的巨额增长并没有解决好人们的温饱问题，全世界尚有近9亿人还在公认的贫困线以下生活；人类社会的进步也没有解决好社会的公平问题，区域间、国家间与各类国家各种利益集团的矛盾更加多样化与复杂化；新自由主义虽然带旺了三十余年来世界经济一体化雏形的形成，但起源于次贷等不诚实行为所引发的全球金融海啸，资本主义的物欲主义显然经历了一次全球性的失败。从世界大战到冷战再到商战，人类的政治确实文明了很多，但传统的“衙门朝南开，有理没钱莫进来”的陋习并没改变。与这些有限的进步相比，人类生存的生态环境受污染与退化却更为明显，且为全球不同意识形态、不同贫富阶层的人所共识。

人类已经认识到，人不但不能奴役人，人也不能奴役自然，前人对自然的每次胜利，确实都招致了自然不同形式的报复；当然，人也不可能愿意再接受自然的奴役。人与人和谐共存，人与自然和谐共存是唯一的选择。在人与自然的关系中，人是主动方面，是主要矛盾，和谐关系只能是人类创造。自然环境既是包括了人类和社会本身的主体，又是人类经济社会作用的客体；人类活跃的经济社会活动作用于自然环境，既体现为人对主体的索取，又体现为对客体的服务。因此，人类是自然的公仆，生态环境是人与自然相互作用的公共平台。

因此，生态文明的提出是人类由与自然对抗主动走向与自然和谐发展的历史性理念转变，它将是继原始文明、农业文明、工业文明之后人类文明发展的一个新时期。生态文明以人与自然协调发展作为人类活动行为准则，在改造客观物质世界过程中的同时不断改变人的主观世界，从而不断减少经济社会活动对生态环境的负面效应，积极改善和优化人与自然的关系，逐步建立起有序的生态运行机制，实现经济、社会、生态环境的可持续发展，同时，人与自然生态保持着和谐、共生的协调状态。

### （四）生态文明范畴及其与其他四个文明的关系

依系统论观点，人类经济社会与生态环境是个复杂的二元结构巨系统，在这一巨系统中，生态环境依然是服从自然规律的长周期变量，经济社会诸要素反映了人的行为，是人类智慧可能调控的短周期变量。人类能主动地作用于生态环境是人与自然关系的内因、主变量、可控变量。而经济社会与生态环境本身就是多元多维复杂巨系统，人类社会本身的发展虽由人类所控制，却又是服从于灰色理论的旋转式结构系统，生态环境的演替虽有其固有规律，但人类只识别了已发生的规律，对未来的进展也尚难预测，因而，对于经济社会与生态环境复合系统的控制的总体规律人类虽尚未系统掌握，但由于人类当前已掌握了诸多经济社会活动与生态环境之间存在着的单维或单要素的相互关系，以及至少在特定阶段上的可制导性，因此，人类必须及时行动，从现在开始改善人类与生态环境的关系，而不是在等待中无所作为。同时，也必须进一步明确，生态文明建设是一个既需要人类不断探索发现，又更需要人类不失时机地实践的过程。

生态文明建设主要处理经济社会发展与自然生态的相互关系，它必然涉及人类活动已波及的地球的岩石、土壤、水、生物、大气各圈层，如图1－2所示。因此必须在不断深化掌握各圈层自身的变化规律、圈层之间的相互作用规律以及人类活动对这些圈层自然规律的综合扰动的基础上，进行经济和社会发展对圈层影响的分析以及公众认可判别，才能提出不同发展阶段的趋利避害决策与行动。

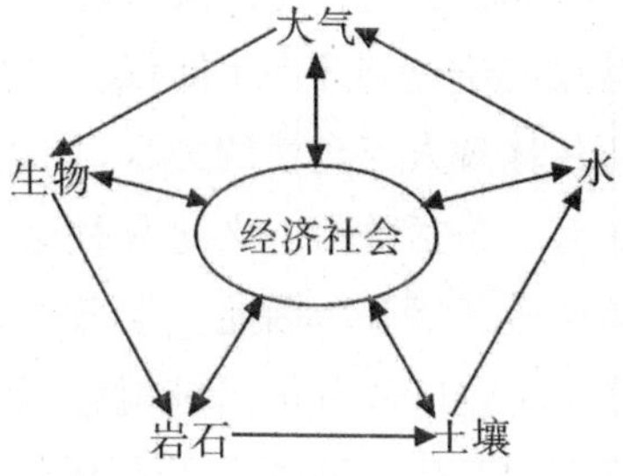


**图1－2　经济社会与生态环境的多元关系图**

党的十八大将生态文明建设与经济建设（物质文明）、文化建设（精神文明）、政治建设（政治文明）、社会建设（社会文明）并列定为五位一体，可见，生态文明建设与经济社会的方方面面存在着不可分割的相互作用、相互支撑与相互矛盾。它和其他几种文明建设是彼此相依、互为表里和协同作用的统一整体，我们借用中国古代的五行图来阐述五个文明之间的相生相克关系，如图1－3所示。生态文明既是构建其他文明的物质基础，又是引导实现其他文明的上层建筑，这种独特的地位决定了进行生态文明战略建设，不但必须将这些相互关系包含在其总体框架之内，而且必须创新各学科的系统研究方法。

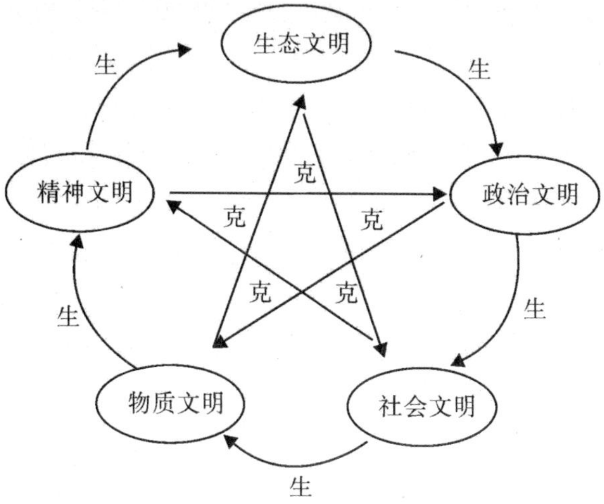


**图1－3　生态文明与其他文明之间的关系图**

总而言之，生态文明建设是一个复杂的社会系统建构进程，生态文明建设的研究和开展不能仅仅局限于经济活动生态化的范畴。因为生态文明不仅体现人与自然的关系，不仅涉及人的经济活动，同时也涉及人与人的关系，包括政治、文化和社会等各个领域以及价值观、生产和生活方式、消费模式等等。因此，生态文明不可能通过某一个技术、某一个产业或者某一个制度和政策措施就可以实现。生态文明的建设是一个经济、技术、社会和文化价值观上的整体性转变和变革过程，需要在经济、技术、政治、法律、道德等各个层次上共同推进。

## 四、生态文明思想渊源

中国古代生态哲学思想的内容非常丰富，这里主要就“阴阳五行说”、“三才论”以及儒家与道家等部分学说的生态伦理观或传统自然观予以论述。

### （一）“阴阳五行说”

阴阳五行学说，是中国古代朴素的唯物论和自发的辩证法思想，它认为世界是物质的，物质世界是在阴阳二气作用的推动下孳生、发展和变化；阴阳属于阴阳五行学说立论的基础。阴阳与五行属于形式与内容的关系，就是指无论阴的内部或阳的内部包括阴阳之间都具备着木火土金水五种物象表达的那种生克利害的基本关系，并认为金木水火土五种最基本的物质是构成世界不可缺少的元素，这五种物质相互资生、相互制约，处于不断的运动变化之中。

这种学说对后来古代唯物主义哲学有着深远的影响。中国古人也用“阴阳五行”学说解释处理自然界的奥秘以及人与自然之间的关系。“金木水火土”反映了古人对自然界组成和自然界各种物质与事物相互之间相生相克关系的认识。中华民族在漫长的发展历程中，始终遵循着这种朴素的系统生态观，并以全面、整体和联系的观点来协调社会与自然的关系，逐渐形成和完善与生产力水平和环境条件相适应的社会系统及其支持体系，从而成功地支持着中华民族生态文明建设的持续发展。

### （二）“三才论”

天地人宇宙系统论，又简称“三才论”，中国古代的“三才”思想是指“天、地、人”的和谐、统一思想。《易传·系辞下》通过研究生命现象来探讨自然和社会现象，首次提出了“三才之道”，即“易之为书也，广大悉备，有天道焉，有人道焉，有地道焉。兼三才而两之，故六，六者非它也，三才之道也”，认为“天时地利人和”的配合是取得成功、维持繁荣的重要因素。“三才论”可以说是贯穿于我国生态文明发展的始终，数千年的中华文明之所以能够从不间断地持续发展，其基本原因也在于此。社会生产离不开‘天’（气候、季节等）、‘地’（土壤、地形等）、‘人’（从事生产的主体，包括人的劳动和经营等）等因素，中国历史文明正是通过长期的生产实践，在逐步加深对上述诸因素认识的过程中建立和发展起来的。注重生物、自然环境等各种因素之间的相互关系，从而使人和自然之间比较协调，使社会生产能够持续发展，这与今天生态文明建设中强调“整体协调、循环再生、区域分异”的原则是一致的。

在传统农学中，《吕氏春秋》也提出三才论，即：“夫稼，为之者天也，生之者地也，养之者人也。”是中国传统农业理论中最核心的思想。我国是一个以农业为主的传统农业国，“靠天吃饭、靠地立身”的思想深深植根于人们的心中。《管子·禁藏》说：“顺天之时，约地之宜，忠人之和，故风雨时，五谷实，草木美多，六畜蕃息，国富兵强”。《管子·富国篇》说：“上得天时，下得地利，中得人和，则财货浑浑如泉源，仿仿如河海，暴暴如丘山”。反之，如果“上失天时，下失地利，中失人和”就会“天下熬然，若烧若焦”。这些都是把“三才论”与生产实践和财富的创造直接联系起来的论述。强调要尊重自然规律，处理好人和自然的关系，也就是说要处理好自然再生产和经济再生产的关系。“天、地、人合一”的人与自然和谐相处的生态伦理思想是几千年来中国社会的主流思想，历久弥新至今仍具有重要意义，对当代社会的生态文明建设仍具有重要的启迪作用。

### （三）儒家思想生态哲学观

儒家生态哲学思想是中国传统文化的精华之一，儒家的生态伦理思想主旨是唤醒人们的道德自律，如孔子爱人的思想就是要求人们应该有宽广的胸怀，“老吾老以及人之老，幼吾幼以及人之幼”。儒家思想不仅要爱人，而且要爱物，人不仅不能破坏自然，而且在管理和利用自然资源时，应该使它们按各自固有的方式自由发展，并把自然保护作为“爱物”的落脚点，如《荀子》提出："草木荣华滋硕之时，则斧斤不入山林，不夭其生，不绝其长也；鼋鼍鱼鳖鳅鳝孕别之时，网罟毒药不入泽，不夭其生，不绝其长也。春耕夏耘秋收冬藏四者不失时，故五谷不绝，而百姓有余食也；汙池渊沼川泽，谨其时禁，故鱼鳖尤多而百姓有余用也；斩伐养长不失其时，故山林不童而百姓有余材也。"荀子的"爱物"思想明显地表现出可持续发展的思想。荀子的论述包含了自然资源的可持续性和人类经济和社会的可持续性，指出了自然资源的可持续性是经济和社会的可持续的基础，对自然资源的可持续性提出了种际公平的问题，这也是我们当今建设生态文明与和谐社会的理论依据。

儒家传统思想还提出了尊重生命的生态伦理原则。"天地是万物之母"、"与天地合其德"、"天地合气，万物自生"，认为万物相生是自然生态的自身功能，人自身是自然界的一部分，人类也是天地的产物即自然的产物，人应该"乐天知命"，发挥德行的作用，约束自己与自然对抗的思想和行为，使人与自然生态和合而生生不息与合而生生日新。为了维持自然界的正常运转特别是生物的再生和可持续利用，儒家提出了一系列的禁止人类破坏自然和生态行为的主张，如禁止从根本上违背生态季节律的行为，以便维护生物的可持续性生存等等。因此，人类在改造自然的过程中，应该尊重生物"生存权利"，尊重自然界生物相互作用、优胜劣汰的权利，按照生物自主原则，尽量地顺应自然、利用自然，维护生物多样性，保护生态系统的良性循环，促进人类社会与生态环境的和谐与协调发展。

### （四）道家思想生态哲学观

"天人合一"的思想概念最早是由庄子阐述，后被汉代思想家、阴阳家董仲舒发展为天人合一的哲学思想体系。《庄子·达生》曰："天地者，万物之父母也。"认为这些因素均属自然，具有相通相融相合之处，主张天道与人道、自然与人类的相通、相类和统一，认为人是天地所生，人与天地的关系是部分与全体的关系，而不是敌对关系，人与万物是共生同处的关系，应该和谐相处，人类作为全球生态系统中一个具有高度智慧的生物种群，与其它生物和环境要素一样，仅仅是其中的一个组成部分，如果生态系统破坏了，人类又谈何生存和发展，这与生态学上生态系统的基本理论是吻合的，也与今天所说的尊重自然、顺应自然，追求人与自然和谐、生物与环境协同进化的生态学观点是一致的，从而与人类无所不能、人类利益至上的“人类生态中心论”生态伦理观，以及人类“无能”与“无为”的“生态中心论”形成了鲜明对照。

《庄子·知北游》则认为天下万物都是由“气”组成的，“故万物一也，是其美者为神奇，其所恶者为臭腐，臭腐化为神奇，神奇化为臭腐，故曰：通天下一气耳”。南宋杨万里《诚斋易传》进一步把“五行说”也纳入“元气论”的系统之中，认为“太极者，一气之太初也；一气者，二气之祖也；二气者，五行之母也”。又说“一气即太极，一气生二气，二气生五行。二气散杂，化生万物”。明代刘宗周在《圣学宗要》中说：“太极之妙，生生不臭而已矣，生阴生阳，而生水火木金土，而生万物，皆一气自然之变化”。《老子》也对元气论作了具有代表性的表述：“道生一，一生二，二生三，三生万物。万物负阴而抱阳，冲气以为和。”其中的“一”就是元气；由元气生出阴阳二气，谓之“一生二”；由阴阳二气化生出天地人，谓之“二生三”；再由天地人化生出万物，谓之“三生万物”。“冲气以为和”，就是阴阳二气在运动中的对立统一。总而言之，他们都把世界万物看作是统一的，互相联系和不断发展变化的，这种联系观、变化观和整体观，对中国社会的生态文明建设具有深远的影响。

中国传统道家还提出了“道法自然”的生态伦理观和生态行为准则，其本质也是把自然（天、地）与人以及它们的相互作用作为一个统一的整体考虑，强调建立一个和谐协调的统一体，认为应该让自然万物以自己固有的方式生存和发展，不能将人类自己的主观价值尺度强加于自然，让自然万物自由地发展，这也是道家“无为”的态度。道家的老子将一切有悖于“道”或“自然”的行为都列入禁止的范围。他们从自然主义的立场出发，要求人们禁止破坏生态和自然的行为，提出了一些具有自然保护价值的对策，这对今天实施可持续发展战略与生态文明建设仍具有重要的启迪作用。

# 第二章　生态文明建设战略

## 一、战略意义

党的十八大对生态文明建设作出了全面部署，形成了中国特色社会主义事业“五位一体”总体布局并写入党章。这在世界政党发展史和执政史上还是第一次。这一认识上的重大飞跃、理论上的重大创新、实践上的重大举措，树立了人类建设生态文明的里程碑，开启了中华民族永续发展的新征程，对于推动中国特色社会主义事业、实现中华民族伟大复兴，具有重大的现实意义和深远的历史意义。

（1）建设生态文明是实现中华民族伟大复兴的根本保障。

一部人类文明的发展史，就是一部人与自然的关系史。自然生态的变迁决定着人类文明的兴衰。森林兴则文明兴，森林衰则文明衰。中华文明五千年的先贤先哲都把丰富的森林作为国势兴旺的标志，把栽种树木作为治国安邦的大计，黄帝陵中有黄帝手植柏，孔庙中有孔子手植树。《国语》曾记载，单襄公借道陈国去楚国，当看到陈国“道无列树，垦田若艺”时，他由此断言“陈国必亡”，三年后陈国果然衰落灭亡。历史的教训告诉我们，一个国家、一个民族的崛起必须有良好的自然生态作保障。随着生态问题的日趋严峻，生存与生态从来没有像今天这样联系紧密。大力推进生态文明建设，实现人与自然和谐发展，已成为中华民族伟大复兴的基本支撑和根本保障。

（2）建设生态文明是发展中国特色社会主义的战略选择。

中国特色社会主义经过了不断丰富发展的过程。面对濒临崩溃的国民经济，十一届三中全会确立了以经济建设为中心的指导思想。随后，十二大确立了社会主义物质文明建设和精神文明建设两位一体的总体布局，十五大确立了经济建设、政治建设、文化建设三位一体的总体布局，十七大确立了经济建设、政治建设、文化建设、社会建设四位一体的总体布局。当前，我国经济总量已跃升为全球第 2 位，人均 GDP 超过 5000 美元，面对生态问题日益突出的严峻形势，十八大又把生态文明建设提到与经济建设、政治建设、文化建设、社会建设并列的位置，形成了中国特色社会主义五位一体的总体布局。这标志着我国开始走向社会主义生态文明新时代，也标志着中国特色社会主义理论体系更加成熟，中国特色社会主义事业总体布局更加完善，中国特色社会主义道路更加宽广。

（3）建设生态文明是推动经济社会科学发展的必由之路。

随着我国经济快速发展，资源约束趋紧、环境污染严重、生态系统退化的现象十分严峻，经济发展不平衡、不协调、不可持续的问题日益突出，要求我们必须树立尊重自然、顺应自然、保护自然的生态文明理念，把生态文明建设融合贯穿到经济、政治、文化、社会建设的各方面和全过程，大力保护和修复自然生态系统，建立科学合理的生态补偿机制，形成节约资源和保护环境的空间格局、产业结构、生产方式、生活方式，从源头上扭转生态环境恶化的趋势，全面改善生态状况，提高生态承载力，推动我国经济社会科学发展。

（4）建设生态文明是顺应人民群众新期待的迫切需要。

习近平总书记强调，“人民对美好生活的向往，就是我们的奋斗目标”。随着人们生活质量的不断提升，人们不仅期待安居、乐业、增收，更期待天蓝、地绿、水净；不仅期待殷实富庶的幸福生活，更期待山清水秀的美好家园。生态文明发展理念，强调尊重自然、顺应自然、保护自然；生态文明发展模式，注重绿色发展、循环发展、低碳发展。大力推进生态文明建设，正是为顺应人民群众新期待而作出的战略决策，也为子孙后代永享优美宜居的生活空间、山清水秀的生态空间提供了科学的世界观和方法论，顺应时代潮流，契合人民期待。

## 二、战略框架

在系统分析资源禀赋、经济社会发展与生态环境压力的基础上，从优化国土开发、促进资源节约、保护生态环境与健全生态制度等层面，应建立生态文明战略建设基础框架，如图 2－1 所示。在战略框架中，优化国土开发是实现生态文明的先决条件；促进资源节约是实现生态文明建设的基础；保护生态环境是实现生态文明的主要阵地；健全生态制度是实现生态文明的系统保障。作为一个战略行动框架体系，框架中各个战略方向都是

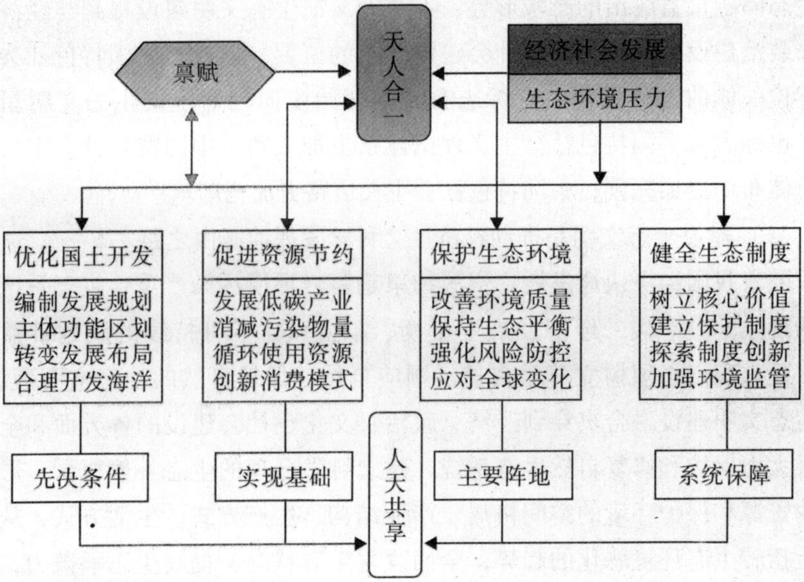


图2-1 生态文明战略框架图

相互联系，相互依存，协同作用。

## 三、战略体系

### （一）优化国土布局

#### 1. 编制发展规划

编制发展规划尤其生态文明建设规划不只是环境实现科学管理的一项基本工作，更是改变国家发展布局的约束性指导，是实现以生态环境引导经济社会发展环境战略转变的最主要举措。生态文明建设规划所规定的环境质量以维持整体生态环境平衡为原则；发展功能分区内划定的环境介质质量以保障人的健康和满足社会经济发展需求为原则；编制发展规划的环境质量监控以国家网点为主，发展功能区的质量状况以地方监测为主，国家执行监督。

#### 2. 主体功能区划

主体功能区是促进区域协调发展、实现人口与经济合理分布的有效途径，是实现可持续发展、提高资源利用率的迫切需求，是坚持以人为本、实现公共服务均等化的必然要求，是提高区域调控水平、增强区域宏观调控有效性的重要措施。按照全国主体功能区的规划，未来国土空间将形成如下战略格局："两横三纵"为主体的城市化战略格局、"七区二十三带"为主体的农业战略格局、"两屏三带"为主体的生态安全战略格局。

3. 转变发展布局

我国历经三十余年改革开放，社会资产已有相当规模后，若仍然维持这种发展势态，各地就很难避免低端产品的重复生产和对资源环境的掠夺式开发。因此，转变发展布局是优化国土开发的根本，必须采取一切可能的行政、法规、政策等一切手段，调整好国家发展布局，中华民族的生态环境才能维护可持续利用的平衡。争取实现到 2020 年，全国 85% 的人口、90% 的 GDP 将聚集在占国土 6% 的集约发展区，引导限制发展区人口与 GDP 分别为 12% 与 8%，占全国土地 34%，而在不受干扰地区的人口与 GDP 将不超过 3% 与 1% 占有国土不少于 60%。

4. 合理开发海洋

一是尽快制定出台国家层面的海洋发展专项战略规划，完善海洋主体功能区规划，统一指导国家海洋事业发展和沿海地区科学用海。按照"主权在我、搁置争议、共同开发"的原则，结合北部湾划界后的新形势，制定南海资源开发国际和两岸合作总体战略规划。二是优化海洋渔业结构，提高外海捕捞作业水平。支持渔民造大船、闯深海，在年可持续捕捞量允许范围内，增加 80 吨以上外海捕捞渔船指标和赴南沙渔业生产渔船"入渔"指标。组建远洋捕捞公司或船队，提高外海捕捞和渔业开发的组织化程度和能力。科学规划，促进滨海、海洋和海岛旅游业健康有序持续发展。加强沟通协调，尽快实现西沙旅游开发，先期可对境内游客开放。

## （二）促进资源节约

1. 发展低碳产业

"低碳产业"是以低能耗低污染为基础的产业。在全球气候变化的背景下，"低碳经济"、"低碳技术"日益受到世界各国的关注。低碳技术涉及电力、交通、建筑、冶金、化工、石化等部门以及在可再生能源及新能源、煤的清洁高效利用、油气资源和煤层气的勘探开发、二氧化碳捕获与埋存等领域开发的有效控制温室气体排放的新技术。低碳产业包括能源低碳化，交通低碳化，建筑低碳化，农业低碳化，工业低碳化，服务低碳化，消费低碳化。目前已经将新能源、节能环保、电动汽车、新材料、新医药、生物育种和信息产业作为未来的战略性产业，给予重点扶持。企业需要做好一切准备迎接这一变化，将低碳经济纳入战略规划。

**2. 消减污染物量**

以消减污染物的产生与排放量为重要抓手，科学调整基数，将控制面扩大到工、农、生活等人类活动，将控制过程重点推到“污染物产生量”的源头控制，将控制行为分配到各相关政府部门；谨增全国性控制指标，强化区域性特征指标等。

（1）进一步核实认定污染物产生排放总量。逐步建立一整套完整、可信及动态的污染物总量减排档案。

（2）建立和完善科学的污染物削减指标体系。改进统计方法，完善统计制度，着力做好重点污染源排污数据的统一采集、统一核定、统一公布。建立污染物控制总量控制台账，及时掌握老污染源削减和新污染源增加动态变化情况，为采取针对性的措施奠定基础。

（3）建立和完善准确的污染物产生与排放监测体系。确定国控重点污染源，并向社会公布具体名单。所有国控重点污染源必须安装自动监测设备。各省、自治区、直辖市、市（地）、县（市）也要分层次确定各自监测的重点污染源。

（4）建立和完善严格的污染物削减考核体系。把强化政府责任作为实现污染减排目标的关键环节，要配合有关部门建立问责制度，追究有关人员的责任。

（5）坚持每半年公布一次全国及各省、自治区、直辖市主要污染物的产生与排放情况，接受社会监督。未经国家核准，各省、自治区、直辖市不得自行公布减排数据。

**3. 循环使用资源**

循环经济的规模程度是生态文明建设的指标之一。实施循环经济不能片面追求工业产品制造链上的不间歇循环，也不应孤立强调“静脉产业”的废品回收率。循环经济要求高技术的全面支撑、大资本的高度投入和密集的市场维持，且任一环节因为任一原因而断链都可能导致整个系统崩溃。

在现阶段我国更加应该强调：①建立资源循环使用的消费理念、价值观念，产品设计规范，生产流程与流通规则，形成国家资源循环使用体系；②系统提高我国各类资源的使用效益；③在循环使用资源中必须同时考虑能源消耗的合理性。

4. 创新消费模式

在市场条件下，消费是发展的原动力，消费模式决定了产业结构，主导着增长方式。因此，创新消费模式是生态文明建设的基础性战略。

（1）开展“落实科学发展观从树立生态文明做起”活动，引导国民正确认识和处理发展经济、提高生活水平和生态环境保护的关系，逐步形成具有持续消费特色的中国消费模式。

（2）通过制定政策限制高物质性的“一次性”、“类一次性”、挥霍性、浮华性、铺张性、阔气性的消费行为。

（3）通过立法禁止生态破坏、环境污染和资源浪费性消费。

（4）建立国民健康消费体系，普及全体国民健康、终生消费，努力提高国内消费市场对经济拉动的比例。

## （三）保护生态环境

1. 改善环境质量

建立国家生态环境质量保障行动中长期规划，统筹兼顾经济发展与生态环境的需求。以改善环境质量为目标，全面部署发展布局、产业结构、生活方式、增长方式、国际合作及创新文化技术的指导性意见与必要的约束性指标。如给出开发国土面积的单位产出值，人均享受资源与环境损耗值等。

同时细化经济社会活动在单位空间上所允许的污染物产生量与排放量，以维持环境单元区域性生态稳定、完整。系统提出在各种可能的发展情景下，为达到改善环境质量的目标采取可持续利用的污染物削减工程体系，确定实施体系所需要的空间、技术、资金及实施主体等。

2. 保持生态平衡

生态平衡是指生态系统内两个方面的稳定：一方面是生物种类（即生物、植物、微生物）的组成和数量比例相对稳定；另一方面是非生物环境（包括空气、阳光、水、土壤等）保持相对稳定。生态平衡是一种动态平衡。比如，生物个体会不断发生更替，但总体上看系统保持稳定，生物数量没有剧烈变化。

历史证明，由于人类的盲目自大，破坏了生态平衡，屡屡招来毁灭人类自己的生态灾难。如氟化物对臭氧层的破坏，阿斯旺水坝生态的环境恶化，美国西部的黑风暴等等。中国是一个生态失衡导致生态灾难多发的国家，中国感受最早最深的生态灾难是水土流失、土地沙化、洪水泛滥、库坝被淤等。毋庸置疑，生态失衡带来的危机将成为21世纪人类共同面临的最大危机。因此，我们应该尽可能保持自然生态的平衡状态，维持自然生态自我调节的能力。

### 3. 强化风险防控

强化环境风险全过程管理。健全完善环境应急管理体系，构建环境应急管理机制；建立省、市、县三级环境应急管理指挥平台，提高区域联防联控水平；在老少边穷地区、重点流域、重点区域建设流动环境应急预警监测系统。加强重点环境风险源和环境敏感点调查评估，对重大环境风险源进行排查，建立环境风险源分类档案、信息数据库和应急专家库；将环境风险纳入环境功能区划、环境影响评价、环境监测、环境执法等环境管理体系。

加强重金属污染防治。认真组织实施重金属污染防治“十二五”规划，调整优化涉重金属企业布局，提高行业准入门槛，积极淘汰涉重金属企业落后产能，开展农产品产地重金属污染综合防治，提升农产品安全保障水平。同时加强重金属环境监管，将涉重金属企业纳入重点污染源进行管理，建设省级重金属污染防控重点实验室，妥善处理涉重金属污染历史遗留问题。

强化化学品环境管理，加强危险废物污染防治。《广东省安全生产监督管理局关于〈危险化学品建设项目安全监督管理办法〉的实施意见》要求要求，落实化学品环境污染责任终身追究制和全过程行政问责制，加强持久性有机污染物（POPs）排放重点行业监督管理，强化危险废物环境管理，推行废弃电器电子产品回收处理，加强医疗废物和其他危废处置设施建设，到2015年，全省危险废物、医疗废物基本得到安全处置。

### 4. 应对全球变化

全球变化尤其气候变暖是典型的全球性生态环境问题，它关系到全球经济和人类社会持续发展与平衡稳定的全局。一方面，全球气候变化可能会造成水和粮食等生物资源的短缺。另一方面，气候问题的日益严重将导致全球生态失衡，环境恶化，自然灾害频繁。因此，必须积极应对：

（1）实施节能、高效的经济，可大大减少能源使用强度；

（2）采用清洁能源，包括协同治理污染和气候变化；

（3）发展循环经济，可使能源利用最大化；

（4）利用植树造林固碳以增加碳汇；

（5）倡导低碳生活。

## （四）健全生态制度

### 1. 树立核心价值

近二百年来工业革命引领世界发展的核心价值是物质财富，人们学会将矿物造成各种物品财富，并以拥有工业物品而自豪。当前，西方核心价值体系正舶向全球，引发全球生态环境灾难的正是这种核心价值观。

复兴的中国在生态环境可持续利用约束下享受幸福的东方核心价值观，并影响全人类：①国家设专职机构研究与传播“人天共享”的核心价值观；②必须探索建立“C”发展模式。掠夺式的工业增长“A”模式已穷途末路；限制后发展国家的布朗“B”模式为世界多数人所不接受；中国应该依“五个文明”方向建立生态环境与经济社会联合调控的“C”模式。

### 2. 建立保护制度

在环保制度的建设中，公民的参与应当受到足够的重视，并通过制度和法规予以保证，如建立公众听证制度。凡是涉及生态环境的建设和开发项目，都应召开公民听证会或专家论证会，广泛听取非政府组织、专家和民众的意见。没有经过充分论证的项目，一律不得上马，以杜绝以发展的名义肆意破坏生态、污染环境的现象。目前，我国已经提出发展循环经济，走出一条具有中国特色的节约型发展道路的问题。根据这个思路，应当制定企业充分利用废水废气废料废渣的具体制度，把污染环境的废物转变为生产的资源，实现经济建设和环境保护的“双赢”。

### 3. 探索制度创新

“十二五”是深化改革开放、加快转变经济发展方式的攻坚时期，也是我国环境保护事业发展充满希望的五年。环保行政体制改革作为国家行政管理体制改革的重要组成部分，必须始终把握深化行政管理体制改革的原则和总体目标，紧紧围绕服务探索中国环保新道路这个工作大局，进一步加快改革创新步伐。

第一，完善环境保护管理体制。在国家层面，建立健全环境保护综合决策和议事协调机制，进一步加大环境保护统筹协调力度，解决环境与发展的重大问题。在地方层面，地方各级政府应对本辖区环境质量负总责，切实把环境保护放在突出位置，加大对环境保护的统筹协调力度。环境保护部门应发挥统一监管作用，做好重大环境问题的统筹协调和监督管理，强化环境执法监督，统一发布环境信息。各有关部门按照国家统一的环境政策、规划和标准要求，进一步理顺部门职责分工，增强环境监管的协调性、整体性，做好职责范围内的环保工作。建立健全上级对下级环保监督制约机制，强化和完善干部双重管理体制。

第二，推进环保行政体制改革。进一步理顺职能，探索实行职能有机统一的大部门体制。借鉴国外经验，健全核安全监管体系，建立和强化与我国核电发展形势相适应的核安全监管能力。加强农村环保监管力量，推动环境监管体制向乡镇延伸。

第三，创新区域环境监管体制。继续加强“国家督察、地方监管、单位负责”的环境监管体制建设，加强环保区域派出机构能力建设。探索区域流域环境综合管理模式，增强区域流域环境统筹协调和监督管理能力。建立健全监督地方政府履行环保责任的机制，实行环境保护目标责任制和考核评价、责任追究制度。

第四，建立健全全方位多层次环保协作机制。加强与水利、国土、农业、林业、海洋等部门沟通协商，不断深化部门协作，进一步发挥环境保护部际联席会议制度的统筹协调作用。持续推进区域联防联控联治机制，加大省部合作力度，通过环境保护合作协议等多种形式，强化跨部门跨区域合作。建立环境科技创新体系，加强环保科研院所与高校及其他科研院所的紧密协作，加强针对区域性、流域性重大环境问题的国家级科研工作。完善社会监督机制，建立有效的环境信息公开制度，为公众参与和监督提供条件，促进环境保护领域社会组织的培育、发展和壮大，构建全民参与的社会行动体系。

第五，加强环境管理技术支撑体系与人才队伍建设。推进机构编制管理和事业单位改革，建立与环境保护事业发展相适应相协调的支撑体系。加大竞争性选拔力度，加快培养选拔优秀干部，推动干部交流轮岗。加强干部培训轮训，提高干部队伍综合素质。全面落实国家人才发展中长期规划和生态环保人才发展中长期规划，建设一支规模相当、素质优良、结构合理的环保人才队伍。

**4. 加强环境监管**

（1）完善机制。一是完善综合决策和协调机制，二是完善考核机制，三是完善监督机制，四是完善工作机制。

（2）加大环境执法的力度。加大环境执法的力度，使企业污染治理设施正常运转，严厉打击不法排污行为。一是建立对污染源定期和不定期相结合的检查制度，二是建立对重点流域、重点区域的巡查制度，三是利用双休日、晚上和雨天对环境敏感、矛盾突出区域进行突击检查，从重打击环境违法事件。

（3）健全环境监控体系。按照监测装备现代化、机构标准化、监测队伍专业化、信息传输网络化要求，建立和完善环境监测网和应急监测预警预报系统；按照国家环境监测能力标准化建设要求，加快环境监测站能力建设步伐；重点加强跨境断面水质监测、城市空气自动监测、环境应急监测、重点污染源在线监测和生态监测；发挥环境监控中心环境监控、预警和社会服务作用，开展 PM2. 5 监测、有机污染物监测、重点流域实时监测和对污染源的监督监测，提高应对和处置环境突发事件的能力。

# 第三章　新时期广东生态文明建设概况

## 一、广东自然、经济与生态概况

### （一）自然地理概况

广东省位于我国大陆南部，地处北纬20°09′~25°31′，东经109°45′~117°200之间，北回归线横贯东西。陆域东邻福建，北接江西、湖南，西与广西接壤，南临南海，西 南端隔琼州海峡与海南省相望。北自乐昌坪石南至徐闻海岸直线距离为660km，东自饶平大埋西至廉江高桥直线距离为800km。全省陆地总面积为17.98万$km^2$，约占全国陆地总面积的1.87%。全省海洋面积约41.93万$km^2$，为陆域面积的2倍多，大陆海岸线长度为3368.1km，占全国海岸线的1/5，近岸海域包括河口、港湾和近海浅海水域，面积为7020.5$km^2$。

广东省共有21个地级以上市，从空间位置上分成珠江三角洲区、东部沿海区、西部沿海区及北部山区四个区域。珠江三角洲区包括广州、深圳、珠海、东莞、中山、江门、佛山以及惠州市的惠城区、惠阳、惠东、博罗，肇庆市的端州区和鼎湖区、高要、四会，土地面积为4.26万$km^2$，占全省的23.7%；东部沿海区包括汕头、潮州、揭阳、汕尾四个市，土地总面积为1.55万$km^2$，占全省土地总面积的8.6%；西部沿海区包括阳江、茂名和湛江三市，土地面积共3.26万$km^2$，占全省土地总面积的18.1%；北部山区含粤西山区和粤东北山区在内的大粤北山区，包括梅州、河源、韶关、清远、云浮五市以及惠州的龙门、肇庆的广宁、怀集、德庆、封开等县，土地面积为8.91万$km^2$，占全省土地总面积的49.6%。

广东省除粤北山区属中亚热带季风气候外，大部分地区为南亚热带和热带季风气候类型，是全国光、热、水资源最为丰富的地区之一。全省年平均日照时数较高，总的趋势是南高北低。年平均温度最高的是南部的雷州半岛，为23.1℃，最低是粤北西北侧的连山，只有18.8℃。由于终年受海洋季风气流的影响，加上北倚南岭，东北—西南走向排列山脉分布，成为我国多雨省份之一。降雨在时间季节上分布不均匀，每年4~9月份为广东省的雨季，此时降雨范围广，强度大，暴雨常引起山洪暴发，江河水位迅速上涨，容易造成洪涝灾害。每年11月至次年1月为年内最少雨量时期。广东省是我国受台风侵袭最多的地区，约占侵袭我国台风总数的60%。不仅台风登陆次数多，而且强度大，季节长，每年从5月底至11月初，为台风影响季节。每年6—10月份，为台风影响广东省的主要时期。

广东地势大体上为北高南低，北依南岭，南临南海。地貌素有“七山一水二分田”之称，主要由山地、丘陵、台地、平原和水域构成，其中：水域占1%，山地占32%，丘陵占29%，台地占16%，平原占24%。山地主要为两列东北—西南走向的山脉，最北为南岭山地，海拔为700~1100m；第二列为罗平山脉，自连平向罗定延伸，海拔为600~1100m；第三列为莲花山脉，由大埔向东南经惠阳到香港附近，主峰亦逾千米。丘陵分布于山地四周，与山地相连接。台地主要分布在雷州半岛南部及粤东、粤西沿海一带。平原主要分布在河流两岸及大江河下游的三角洲，其中，以珠江三角洲面积最大，其次为韩江、榕江、练江下游的潮汕平原。土壤类型受地带性气候影响，自北向南，呈现明显的地带性土壤分布：北部为亚热带红壤，中部为南亚热带赤红壤，雷州半岛一带则为砖红壤，土壤类型也受区域性分布的岩石类型影响，主要有石灰土、紫色土。

## （二）社会经济概况

### 1. 人口状况

根据广东国民经济和社会发展统计公报，2011年全省常住人口为10505万人。其中城镇人口为6985.8万人，占全省总人口的66.5%；农村人口为3519.2万，占全省总人口的33.5%。

### 2. 社会经济发展概况

2011年全省实现地区生产总值（GDP）52673.59亿元，人均生产总值为50807元，比上年增长10.0%。其中，第一产业增加值2659.83亿元，增长4.0%，对GDP增长的贡献率为2.0%；第二产业增加值26205.30亿元，增长11.3%，对GDP增长的贡献率为56.6%；第三产业增加值23808.46亿元，增长9.1%，对GDP增长的贡献率为41.4%。三次产业结构为5.0:49.8:45.2。在现代产业中，先进制造业增加值为11521.44亿元，增长12.2%；现代服务业增加值为13392.59亿元，增长8.5%。在第三产业中，批发和零售业增长11.1%，住宿和餐饮业增长5.4%，金融业增长6.3%，房地产业增长6.0%。民营经济增加值为23336.44亿元，增长11.9%。

分区域看，2011年珠三角GDP为43966.18亿元，占全省GDP的83.5%，粤东西及山区地区生产总值占全省比重为16.5%。从增长速率来看，珠三角增长速度为9.9%，东翼和西翼增长速度最快，达12.3%。

2011年居民消费价格总水平上涨5.3%，其中食品类价格上涨11.4%，居住类价格上涨4.5%。工业生产者出厂价格上涨3.7%，其中轻工业上涨3.1%，重工业上涨4.0%；生产资料上涨4.6%，生活资料上涨1.9%。工业生产者购进价格上涨7.3%，其中燃料动力类上涨8.8%，黑色金属材料类上涨7.8%，有色金属材料及电线类上涨11.6%，化工原料类上涨10.2%。固定资产投资价格上涨5.5%。农产品生产价格上涨12.4%，其中谷物上涨19.4%，蔬菜上涨0.8%，水果上涨10.0%，油料上涨29.5%，畜禽产品上涨7.1%。

2011年城镇新增就业177.10万人，就业困难人员实现再就业18.40万人。年末城镇实有登记失业人员38.83万人，城镇登记失业率2.46%，比上年末下降0.06个百分点。年末共有省级产业转移工业园36个，组织农村劳动力培训85.5万人，转移就业人数137.6万人。

2011年地方财政一般预算收入5513.70亿元，增长22.1%；其中税收收入4547.53亿元，增长19.6%。

经济社会发展中存在的主要问题：经济增速缓慢回落与物价仍处高位相互交织，外贸进出口增长下行趋势明显，基础设施投资下滑，部分企业特别是小型微型企业经营困难，节能减排形势严峻，节约集约用地压力较大，改善民生任务艰巨，社会管理难度加大等。

### （三）生态环境现状

#### 1. 大气环境质量良好

2011年，21个地级以上城市及顺德区空气质量均达到国家二级标准（居住区标准），其中梅州、河源和阳江3市达到一级标准。与上年相比，城市空气质量继续保持稳定，韶关、肇庆、潮州、揭阳和云浮5市的3项污染物年平均浓度均有不同程度的下降。

全省城市二氧化硫年平均浓度为 0.020 毫克/米$^3$，比上年下降 9.1%，达到国家一级标准；二氧化氮年平均浓度为 0.027 毫克/米$^3$，与上年持平，达到国家一级标准；可吸入颗粒物年平均浓度为 0.054 毫克/米$^3$，与上年持平，达到国家二级标准。

全省全年优良天数（Ⅰ～Ⅱ级水平）比例 99.6%，Ⅲ级及以上比例 0.4%，有 7 个城市（广州、韶关、深圳、佛山、江门、东莞、清远）出现轻微污染（API：101～150），全省均未发生空气污染指数（API）超过 150 的情况。

与上年相比，各城市的优良天数有所增加或持平，深圳、韶关、江门、肇庆和清远 5 市各增加 5～6 个优良天数。

**2. 水环境总体优质**

饮用水源：2011 年，广东省 21 个地级以上城市及顺德区对 72 个集中式供水饮用水水源地开展水质常规监测，结果表明全省在用饮用水源水质达标率 100%，比上年上升 2.9%；其中广州上升 10.4%，其他 20 个城市及顺德区均保持稳定达标。

江河水质：2011 年，全省主要江河 74.3% 的断面水质优良（Ⅰ～Ⅲ类），82.1% 的断面水质达到水环境功能区水质标准；西江、北江、东江、韩江干流及部分支流、螺河陆丰段、黄江河、漠阳江、袂花江、鉴江（茂名段、湛江段）、南渡河和珠江三角洲主要干流水道水质优良；龙岗河、坪山河、深圳河、练江和小东江湛江段等 5 个江段水质属重度污染，主要污染指标为氨氮、总磷和部分耗氧有机物。

117 个省控断面中，56.4% 的断面为Ⅰ～Ⅱ类水质，水质优；17.9% 为Ⅲ类水质，水质良好；15.4% 为Ⅳ类水质，属轻度污染；2.6% 为Ⅴ类水质，属中度污染；7.7% 水质劣于Ⅴ类，属重度污染。

跨市河流：全省跨市河流交界断面水质达标率 85.0%，其中广州、佛山、韶关、河源、梅州、惠州、东莞、江门、肇庆、清远和云浮等 11 个城市交界断面水质完全达标，深圳和揭阳 2 市交界断面水质达标率为 0。

湖泊水库：全省 3 个省控湖泊中，湖光岩湖水质为Ⅱ类，水质优；星湖和西湖水质为Ⅳ类，属轻度污染，但均满足水环境功能区水质要求。6 个大型水库中，新丰江水库和枫树坝水库为Ⅰ类，白盘珠水库和飞来峡水库为Ⅱ类，水质均优；鹤地水库、高州水库为Ⅲ类，水质良好。

入海河口：全省 17 条主要入海河流中，76.4%（13 条）河口水质为

Ⅱ～Ⅲ类，水质优良，11.8%（2条）为Ⅳ类水质，属轻度污染，11.8%（2条）水质劣于Ⅴ类，属重度污染。磨刀门水道、韩江和漠阳江入海口水质最好，为Ⅱ类水质；深圳河和练江河口水质最差，均劣于Ⅴ类，主要污染指标为溶解氧、氨氮、总磷和化学需氧量。

近岸海域：南海东部近岸海域以二类海水为主，占68.7%，一类海水占13.4%，三类海水占14.9%，劣四类海水占3%。全省近岸海域水环境功能区水质达标率97.0%。近岸海域水环境功能区总体呈贫营养状态，其中呈贫营养状态的功能区有36个，占全省的53.7%；呈轻度富营养状态的有14个，占20.9%；呈中度富营养状态的有12个，占17.9%；呈重度富营养状态的有3个，占4.5%；呈严重富营养状态的有2个（深圳），占3%。与上年相比，全省近海水环境功能区水质达标率与上年持平，营养程度有所增加。

**3. 土壤质量呈地带性差异分布**

广东土壤中除了铅和汞的背景值与全国及世界土壤大抵一致外，大多数元素的背景值都比全国和世界土壤低，属低背景值区域。有这几方面的原因，一是广东的成土母岩大多是酸性花岗岩，其中多种矿质元素的含量偏低，这是造成土壤低背景值的先天条件；二是与气候因素有关，广东地处热带亚热带，高温多雨，土壤化学风化强烈，在暴雨的冲刷下，水土流失和强烈的淋溶带走了多种矿质元素；三是广东的土壤呈酸性的居多，这又有助于土壤中元素的淋溶流失；最后，从历史上来看，广东的植被曾遭受严重的破坏，水土流失较为严重，土壤中的粉粒成份含量低，土壤中的有机质含量也低，使之对矿质元素等的吸附减少，因而土壤中的含量也不高。

地带性土壤的环境背景值的分异规律由北向南降低。其中，Cu、Zn、Pb、Hg、Mn、As、和F等元素的分异比较明显；Cr、V和Co等元素分异较小；而Cd、Se、Ni等元素的分异介于二者之间。土壤环境背景值地带性的分异除了主要受气候条件的影响使元素的迁移由北往南逐渐加强外，还受母岩特性的制约，不同母质发育的土壤其背景值的分异也十分明显。

## 二、新时期广东生态文明建设优势

### （一）便利的区位优势

广东毗邻港澳，且粤港澳之间因历史形成的血缘关系是广东省得天独厚的地理优势。香港作为国际金融、贸易、航运中心和自由港，在中国30年的改革开放和现代化建设中，扮演了独特的角色，成为引领世界进入中国和中国经济走向世界的桥梁。珠三角凭借改革开放“先行一步”的制度创新优势和毗邻港澳的地缘优势，承接港澳地区特别是香港的产业转移，在优势互补的基础上建立起“前店后厂”式跨境生产与服务纵向一体化合作模式，导致三地之间商品、资本、人员和信息的流动和生产要素在区域内的优化配置，开启了港澳和珠江三角洲区域经济的一体化过程，推进了粤港澳经济的共同发展。且香港和澳门更具国际视野和制度优势，为广东深化体制改革和完善社会管理提供可资借鉴的经验和模板。2008年底国家发改委正式公布的《珠江三角洲改革发展规划纲要（2008－2020）》（以下称《规划纲要》），把粤港合作上升到国家战略层面，使得粤港紧密合作在制度上得到了保证。

广东与港澳共饮一江水、共享一片天，环保合作一直是粤港澳合作的重点内容之一。为了能提供给香港、澳门优质水资源和改善粤港澳大珠三角空气质量，广东政府付出了很多努力，同时也推动了广东环境质量的改善和生态文明建设。《规划纲要》出台后，“粤港澳共建优质生活圈成为新一轮粤港澳合作的重点之一”。粤港澳三地政府将制定包括《粤港澳共建优质生活圈专项规划》、《环珠江口宜居湾区建设重点行动计划》等，相信在这些规划的指引之下，将进一步推动、提高粤港澳共同生活圈的环保、生态和宜居水平。

### （二）良好的生态资源

广东省光、热、水资源丰富，四季常青，动植物种类繁多。全省共有野生维管束植物280科、1645属、7055种，分别占全国总数的76.9%、51.7%和26.0%。另有栽培植物633种，分隶于111科、361属。此外，还有真菌1959种；其中食用菌185种，药用真菌97种。植物种类中，属于国家一级保护植物的有桫椤和银杉 2 种，属于二级和三级保护的有白豆杉、水杉、野荔枝和观光木等 24 种及广东松、长苞铁杉、野龙眼和见血封喉等 41 种，还有省级保护的红豆杉和三尖杉等 12 种。在植被类型中，有属于地带性植被的北热带季雨林、南亚热带季风常绿阔叶林、中亚热带典型常绿阔叶林和沿海的热带红树林，还有非纬度地带性的常绿—落叶阔叶混交林、常绿针—阔叶混交林、常绿针叶林、竹林、灌丛和草坡，以及水稻、甘蔗和茶园等栽培植被。香蕉、荔枝、龙眼和菠萝是岭南四大名果，经济价值可观。

广东省动物种类多样。陆生脊椎动物就有 829 种；其中兽类 124 种、鸟类 510 种、爬行类 145 种、两栖类 50 种，分别占全国的 30%、43.4%、46% 和 25.5%。此外，还有淡水水生动物的鱼类 281 种、底栖动物 181 种和浮游动物 256 种，以及种类更多的昆虫类动物。动物种类中，被列入国家一级保护的有华南虎、云豹、熊猴和中华白海豚等 22 种，被列入国家二级保护的有金猫、水鹿、穿山甲、猕猴和白鹇（省鸟）等 95 种。

广东开展对动植物资源的开发利用，重视对自然资源和环境的保护。至 2011 年，全省建立自然保护区 360 个、森林公园 418 处。广东重视绿化荒山，提高森林覆盖率，改善生态环境。

广东省河流众多，集雨面积在 $100km^2$ 以上的河流有 600 多条，主要有珠江水系的 东江、北江、西江和珠江三角洲水系，其次为粤东及粤西沿海独流水系。珠江是广东省的主要水系，为西江、东江、北江及其合流的总称，其流域面积达 $11.1km^2$，占全省面积的 62%。韩江为广东省第二大水系，上游从梅江至大埔与澄江汇合后称韩江，省内流域面积 1.8 多万 $km^2$。此外，粤东有榕江、粤西有漠阳江、鉴江、九洲江等水系。广东省降水充沛，年平均降水量为 1500～2000mm，山地丘陵集流迅速，各河流量丰富。全省年均河川径流量为 1800 亿 $m^3$，水资源总量为 1860 亿 $m^3$，分别为全国平均值的 3.56 倍和 3.54 倍。广东省人均水资源占有量为 $2815m^3$，亦高于全国人均水资源占有量。但是，水资源时空分配不均，夏秋易生洪涝，冬春时有干旱，沿海丘陵台地地区缺水现象日益严重。

广东省已发现矿产 129 种（含亚矿种），已探明有储量的矿产 92 种，矿产地 1769 处。其中非金属矿产 51 种，产地 470 处；金属矿产 31 种，产地 751 处；能源矿产 6 种，产地 226 处；地下水矿产 4 种，产地 2 处。本省矿产资源特点是：矿产种类多，丰度一般，优势矿产集中度高，储量较大。有色金属及稀有稀土金属有较大的优势，铅锌矿储量居 国内前列。凡口铅锌矿是本省骨干矿山，开发前景很大。稀有稀土分布范围广，储量大，离子型稀土保有储量列国内前三名。铀矿资源量可观，南海海上石油天然气丰富，地热 和矿泉水资源在国内仅次于云南和台湾，是本省重要矿产资源，每年产值数十亿元，创税几亿元。铁锰有一定储量，但后备基地严重不足。煤炭及农用非金属十分短缺，长期以来需依靠省外购进。硫铁矿、石膏、瓷土、水泥用灰岩、饰面用大理岩是本省传统优势 非金属矿产，其中硫铁矿、石膏一直是主要出口矿产品，瓷土和饰面用石材是本省重要建筑材料，是陶瓷和建筑板材的主要原材料，涂布级高岭土、硅藻土、硅灰石是近十多年查明资源十分丰富的非金属矿产，茂名和湛江目前已成为国内主要涂布级高岭土生产基地。

### （三）相对完备的政策法规体系

广东省在认真贯彻国家有关环境保护法律法规的同时，结合本地实际，制定和颁布了《森林保护管理条例》、《林地管理保护条例》、《生态公益林建设管理和效益补偿办法》、《广东省建设项目环境保护管理条例》、《固体废物污染环境防治条例》、《珠江三角洲水质保护条例》、《东江水质保护条例》、《跨行政区域河流交接断面水质保护管理条例》、《珠江三角洲大气污染防治办法》等几十个法规、规章和规范性文件。通过法规建设，广东省环境管理具备了相对完整的法规体系和制度体系，对各种可能出现的环境问题，都有相应的制度去管理。特别是，广东省在固体废物管理、流域跨行政区交接断面水质考核与管理、区域大气污染联防联治、提高生态公益林补偿标准等方面都走在了国家环境法制建设与管理的前面。

### （四）敢为人先的开拓精神

“敢为人先”使广东成为一块神奇热土，中国近现代史以来许多推动历史进程的重大事件都在这里发生。中国 30 多年改革开放波澜壮阔，广东以“杀出一条血路”的气魄冲在前沿，一路领先。在全国建立第一个经济开发区、第一个引进外资……创造了数不清的第一；率先进行商品经济、市场经济的讨论，精神文明、政治文明的探索，充分表现了广东人“敢为人先”的思维特色；广东善于抓住国际、国内的各种有利时机，不断增创新优势、实现新发展，为广东的先行一步创造了政策条件和制度基础。广东人敢于打破框框和思想束缚，敢于走别人没有走过的路，敢于自我超越，敢想敢干，敢冒风险，看准了的就大胆地试，大胆地闯，边实践边摸索，“摸着石头过河”，不断披荆斩棘，先行一步，走在时代的前列。

“十一五”期间，新世纪新阶段，广东再接再厉，依靠改革开放打下的基础，充分利用国际金融危机冲击形成的倒逼机制，加快转变经济发展方式，大力实施“三促进一保持”、扩内需稳外贸、“双转移”、“腾笼换鸟”、提升珠三角带动东西北、节能减排、节约集约用地、环保倒逼等战略措施，使应对国际金融危机冲击的过程成为推动发展上水平的过程。努力探索实现科学发展的新思路、新举措、新办法，从总量到质量，从快到好，从注重发展到注重民生，进而确定了广东新的战略定位和总体目标：坚持面向世界，服务全国，建设全面深化改革开放的先行地，提升我国国际竞争力的主力省，探索中国特色社会主义道路的试验区，实践科学发展观的排头兵。

而今，“厚于德、诚于信、敏于行”的新时期广东精神，使得广东文化境界有了新的升华，建设幸福广东与加快转型升级一起，被明确为广东落实“十二五”规划发展主题主线的核心任务，率先颁布、出台了《关于进一步加强环境保护推进生态文明建设的决定》等系列规章、政策，谱写了全国文明的“南海模式”，成为“以环境保护优化经济结构、实现环境与经济双赢”的楷模等。有理由相信，广东将再一次站在新的历史起点上，继续引领中国生态文明、建设美丽中国的风气之先、路径之先。

## 三、新时期广东生态文明建设的主要成效

自2007年，党的十七大首次提出“生态文明建设”以来，广东步步探索，主动谋变，以科学发展观为指导，把“实施绿色发展战略、走生态立省道路，把绿色发展、生态立省作为加快转型升级的重要内容”，以实施国家主体功能区战略、《珠江三角洲地区改革发展规划纲要（2008—2020年）》和举办亚运会和大运会等为契机，着力优化空间发展格局和经济发展方式，进一步加大污染治理力度，以狠抓生态建设等为抓手，大力建设生态文明，逐步走上了绿色发展、可持续发展的道路。

### （一）优化国土空间开发格局，构筑区域生态安全体系

早在2004年，经广东省人大常委会批准的《珠江三角洲环境保护规

划纲要（2004—2020年）》即提出“红线调控、绿线提升、蓝线建设”的战略思想及保障措施。其后，《广东省环境保护规划纲要（2006—2020年）》再次成为指导全省环境保护工作的纲领性文件，该规划将广东省国土面积划为严格控制区、有限开发区和集约利用区，并明确规定了各个不同区域的功能定位和开发建设要求，强调实施生态功能区分级管理和控制，为构筑广东省生态屏障和生态安全格局提供了法规保障。为贯彻落实国家主体功能区战略，2012年，广东省颁布了《广东省主体功能区规划》，将广东全省17.98万平方公里的陆地面积，划分为“优化开发、重点开发、生态发展和禁止开发”4类区域，赋予其不同的功能定位、发展方向及目标，并制定了不同区域实施不同的区域政策和绩效评价体系的保障措施。

## （二）节能减排成绩斐然，强化节能减排目标责任

广东切实把污染减排作为调整经济结构和加快转变经济发展方式的重要抓手和突破口，一手抓现有污染源治理削减排放量，一手抓结构调整控制新增污染物，通过采取了一系列加强污染减排工作的举措，2009年，单位GDP能耗降至0.685吨标准煤/万元。按单位能耗计，广东排在全国第二位，仅高于北京。“十二五”期间，国家不仅新增加了氨氮、氮氧化物两项污染减排指标。2011年，广东年度节能单位GDP能耗下降3.4%，单位工业增加值能耗下降4%。

2012年，广东人民政府印发了《广东省“十二五”节能减排综合性工作方案部门分工》，明确提出了强化节能减排目标责任，具体如下：

### 1. 合理分解节能减排指标

（1）合理分解各地区节能目标。

（2）合理分解各地区减排指标。

（3）合理分解各行业节能减排目标任务。

### 2. 健全节能减排统计、监测和考核体系

（1）加强能源生产、流通、消费统计，建立健全建筑、交通运输、公共机构能耗统计制度以及分地区单位生产总值能耗指标季度统计制度，完善统计核算与监测方法，提高能源统计的准确性和及时性。

（2）完善重点减排企业主要污染物排放数据网上直报系统和减排措施调度制度，建立重点污染源信息动态管理系统。

（3）完善农业源与机动车排放统计监测指标体系。

（4）完善节能减排考核办法。

（5）继续做好各地级以上市单位生产总值能耗公告工作。

（6）继续做好各地级以上市环境质量、污染物减排结果和企业环境行为公告工作。

**3. 加强目标责任评价考核**

（1）每年组织开展地级以上市政府节能减排目标责任评价考核，并将考核结果向社会公告。

（2）有关部门每年要向省政府报告节能减排措施落实情况。

（3）强化考核结果运用，将节能减排目标完成情况和政策措施落实情况作为领导班子和领导干部综合考核评价的重要内容。

（4）将节能减排目标完成情况和政策措施落实情况纳入政府绩效和国有企业业绩管理，实行问责制和“一票否决”制。

（5）对节能减排工作成绩突出的地区、单位和个人给予表彰奖励。

### （三）进一步加大污染综合整治力度，环境质量不断改善

**1. 水更清**

淡水河、石马河是流经深莞惠三市的两条河，改革开放后，两河流域经济快速发展，人口急剧增多，产业结构、工业以及城市布局不合理，污染物排放总量早已远远超出环境容量。仅仅10年时间，两河水质就急剧恶化，水体发黑发臭。且两河又汇入东江，影响到惠州、东莞、深圳、香港居民的饮用水安全。

广东从2008年和2010年开始对淡水河、石马河流域进行污染整治，着力点是把促进产业转型升级作为重要措施和目标。流域内深莞惠三市严格落实流域限批，有效控制了水污染项目建设。深莞惠三市相继投入180多亿元资金，用于污水处理厂、管网建设，做到污水全部进厂处理排放。同时，全面建成国控、省控、市控污染源在线监控系统，不断加密两河水质监测断面和取样频次，实现污染排放和水质状况的自动监控和预警。

经过5年的艰苦治理，在流域GDP增长了87%的同时，两河水质明显改善。与2008年相比，2012年1—10月，淡水河监测断面显示，河流污染指数下降了52%～63%。石马河污染指数下降了25%，水质还将进一步改善。淡水河、石马河已经没有往日黑臭现象，目前水质清澈，水草茂

盛。从河中取出的水样也显示，河水浊度降低，水体呈透明偏淡黄。生态环境好转，河沿岸的房地产建设项目纷纷拔地而起。

2. 天更蓝

空气污染一直是广东最为严重的环境问题之一：酸雨频率居高不下，以氮氧化物污染为特征的机动车尾气型污染日益凸现，区域性灰霾日益严重等。借举办亚运会和全运会之势，广东省政府围绕空气质量保障工作先后制定实施了各类行动计划、措施方案及排放标准40余份，包括《广东省珠江三角洲大气污染防治办法》、《广东省珠江三角洲清洁空气行动计划》、《广东工业锅炉大气污染物排放标准》等。其中，不乏一些国内首创、国内领先的标准，进一步完善了珠三角大气污染防治的政策、法规和标准体系。在管理机制方面，广东省在国内首个建立了区域大气污染防治联席会议制度，并把建立区域联防联控新机制写进政府规章；珠三角率先建成首个与国际接轨的区域环境监控网络，在全国率先实施监测和发布包括PM2.5在内的空气质量数据。通过这些措施，不仅为亚运会的成功举办提供了良好的空气质量保障，也使得广东省整体的空气质量保持较好。按照原来空气质量标准评价，全省21个地级市加上顺德区，都符合国家的二级空气质量标准，城市空气质量优良。其中梅州、河源和阳江市达到一级标准。

3. 土更洁

多年前，广东省成立了土壤污染状况调查领导小组，编制《广东省土壤污染状况调查实施方案》，落实了工作经费，至2009年末，基本完成全省土壤污染现状的调查和分析。2012年，广东省将重金属污染土壤治理纳入当年广东民生环保十件实事。为有效遏制土壤污染，省环保厅对重污染区域某市开出了罚单：自2012年3月14日起，对某市实行区域限批，该市的所有建设项目的环境影响评价审批环保部门不受理不审批，直到该市拿出整改措施，整改有效才能恢复。广东已经成立了重金属污染防治的联席会议，制定了重金属污染防治的“十二五”规划，计划到2015年重点控制区的重点重金属污染物排放量相对于2007年要削减15%。

### （四）积极推进生态示范工作，探索生态文明建设新道路

1. 开展全国生态文明建设试点工作，探索生态文明建设道路

2009年，深圳市、珠海市、韶关市、中山市成为全国生态文明建设试点。深圳市将生态文明建设作为推进新一轮改革开放的重要战略内容，在

《深圳市实施〈珠江三角洲地区改革发展规划纲要（2008—2020 年）方案〉》、《深圳市综合配套改革总体方案》等纲领性文件中，均将推进生态文明建设作为重要组成部分；完善党政领导环保实绩考核机制，首次将生态资源状况纳入环保实绩考核。《深圳经济特区环境保护条例》更加明确政府部门和企业的环境保护责任，并加大环境违法行为的处罚力度。深圳市政府发布《关于加快深圳环保产业创新发展的若干意见》，明确鼓励环保产业创新发展的政策措施；探索生态文明建设指标体系，形成《深圳市生态文明指标体系》框架。继续开展生态示范创建，全市 49 个街道获得“深圳市生态街道”称号，305 个社区获得“绿色社区”称号，2 个园区获得“深圳市生态工业园区”称号；学校环境教育和社会环境教育的范围不断扩大，以“建生态城市、圆绿色梦想”为主题，包括环保演出季、青少年环保节、2009 深圳市民环保奖评选等世界环境日宣传活动反响热烈。珠海市以“建设生态文明新特区，争当科学发展示范市”为目标，贯彻生态优先的城市发展定位，发展绿色经济，落实园区整合，实现工业项目全部进园入区，促进经济发展和环境保护双赢。

佛山和东莞市也积极跟进。2003 年，佛山市政府提出创建国家环境保护模范城市的决定。几年下来，佛山市环境质量与生态建设得到质的飞跃，政府又乘势而上，在 2010 年作出创建国家生态市的决定，并对创建工作进行了系统部署。东莞市正积极编制《生态文明建设规划》，努力打造“生态文明之城”。

**2. 推进生态示范创建工作，取得积极成效**

截至 2009 年底，全省已建成国家级生态示范区 5 个；建成环境优美乡镇 84 个，其中，国家级生态乡镇 25 个，省级生态乡镇 60 个；建成生态村 382 个，其中，国家级生态村 2 个，省级生态村 380 个；广东省生态示范村（镇、场、园）501 个。全省已有深圳、珠海、中山、江门、潮州、湛江等 6 个市开展国家级生态市创建活动；韶关市始兴县，深圳市盐田区、福田区、龙岗区等县（区）开展国家生态县（区）创建活动，其中，深圳市盐田区成为广东省首个通过环境保护部验收并命名的国家级生态区。中山市创建国家级生态市、深圳市福田区创建国家级生态区已通过环境保护部考核验收，中山市成为全国第一批通过国家考核验收的地级市；深圳市罗湖区、南山区建设国家级生态区通过省级考核；《湛江生态市建设规划》通过环境保护部组织的专家论证，市人大已批准《湛江生态市建设规划》。

省环境保护厅指导广州经济技术开发区等单位创建国家生态工业示范园区并得到环保部批准。

**3. 加强对自然保护区建设工作的指导，规范自然保护区的建设管理**

2009 年，省环境保护厅履行自然保护区综合管理职责，依照自然保护区条例和省级自然保护区评审委员会工作制度，组织对申报省级自然保护区进行评审，对自然保护区范围和功能区调整进行审查，促进自然保护区建设管理与经济建设协调发展。对翁源青云山、茂名林洲顶鳄蜥、陆河花鳗鲡、揭东桑浦山—双坑 4 个自然保护区晋升省级保护区进行评审；对英德石门台、南澎列岛海洋生态 2 个省级自然保护区申报国家级保护区以及江门台山中华白海豚、乐昌大瑶山、韶关北江特有鱼类、兴宁铁山渡田河、平远龙文—黄田 5 个省级自然保护区范围和功能区调整进行论证；对珠海市申请撤销荷包岛、大杧岛 2 个市级保护区进行审查。根据自然保护区评审委的评审、论证和审查结果提出审批建议报省政府，获得省政府的批准。争取国家财政专项资金支持，组织丹霞山和南岭国家级自然保护区申报 2009 年国家级自然保护区专项资金。截至 2011 年底，全省已建国家级自然保护区 11 个，省级自然保护区 66 个。配合环境保护部对广东石门国家森林公园、南澳海岛国家森林公园进行检查，被检的 2 个国家森林公园保护管理基础较好，基本处于待开发状态。根据环境保护部的要求，对被环境保护部初审为缓评的海丰鸟类、罗坑鳄蜥、石门台 3 个自然保护区进行核查，提出整改要求。

**4. 加强农村环境综合整治，推进农村生态环境建设**

（1）实施农村“以奖促治”政策。

自 2008 年开始，国家设立中央农村环保专项资金，作为“以奖促治”资金，重点用作农村饮用水源地保护、生活污水和垃圾处理、畜禽养殖污染和历史遗留农村工矿污染治理、农业面源污染和土壤污染防治等方面。2009 年中央财政安排 10 亿元“以奖促治”专项资金，当年广东省获得该项资金补助 2097 万元，其中 15 个农村环境综合整治项目获得补助 1667 万元，9 个生态示范建设项目获得补助 430 万元。通过项目实施，有效改善了项目村镇的村容村貌。

（2）完善农村环境基础设施。

广东省财政加大对欠发达地区农村环境基础设施建设的资金投入。省政府投入 25 亿元资金，各级财政配套资金，采取市场运作方式，解决粤东西北地区污水处理厂建设资金问题，并要求2009年底前珠江三角洲地区的中心镇、东西两翼和粤北山区的县城镇全部建成污水集中处理设施。经过努力，“一县一厂”项目建设如期完成。省环保专项资金加大在农村生活污水处理设施建设、畜禽养殖污染治理、村镇生态示范创建等方面投入，仅2005—2009年间，就安排2000多万元用于奖励200多个生态示范村镇的创建；省治污保洁专项资金支持村镇垃圾处理设施建设，农村环境卫生状况得到有效改善。

## （五）加大生态建设力度，实现生态与经济“双赢”

### 1. 林业生态建设

2009年起，广东省紧紧围绕“加快转型升级、建设幸福广东”的核心，大力弘扬“十年绿化广东”精神，认真编制、实施《广东林业生态省建设规划》，以林分改造工程、水源涵养林建设工程、沿海防护林及红树林工程、绿色通道及农田林网工程、城市林业和水土流失治理等重点生态工程建设为抓手，掀起了林业生态建设高潮。近5年来，全省共完成造林作业面积1000多万亩。基本建立起国家、省、市、县四级生态公益林体系，省级以上生态公益林达到5815万亩。建立森林、湿地和野生动植物类型270个，总面积1850万亩；建立森林公园总数458处，总面积1600万亩。大力营造碳汇林，开展“万村绿”大行动，凸显了森林间接减排、应对气候变化的特殊作用。目前，全省森林面积达1.57亿亩，森林覆盖率达57.3%，森林蓄积量达4.55亿立方米，森林生态效益总值达9796亿元，林业产业总产值突破3300亿元，连续5年居全国首位。

2011年8月，胡锦涛总书记在视察广东时强调，要“加强重点生态工程建设，构筑以珠江水系、沿海重要绿化带和北部连绵山体为主要框架的区域生态安全体系，真正走向生产发展、生活富裕、生态良好的文明发展道路”。为贯彻这一指示，广东省很快出台了生态景观林带建设规划，计划全省启动建设23条、1万公里、805万亩生态景观林带，建成连接城乡森林系统的绿色廊道，构建高标准、高质量森林生态景观体系，直接投资56亿元。目前，全省生态景观林带已开工2520公里，建成2387公里。

### 2. 城市生态建设

在2010年初的广东省委十届六次全会上，“绿道”这个新概念第一次被摆上了与会者的案头。作为一项着重生态民生效应的工程，绿道被摆到了与轨道发展同等重要的位置。

一场轰轰烈烈的造绿行动随即在珠三角吹响了号角。至2011年底，继珠三角2372公里省立绿道和2828公里城市绿道全线贯通之后，绿道建设任务再次超额完成，实现“两年全部到位”的目标，累计建成驿站345个、自行车租赁点373个，新增绿化2763公里，各项设施日趋完善，初步构建省立城市两级绿道有机衔接的网络系统。

珠三角绿道网络建设特别注重与人文特色的有机串联，彰显了岭南文化特色，还将沿线农村变成旅游服务的载体，促进了绿色经济发展，给农民就业和增收创造了机会。有资料显示，广州增城市绿道网建成后，每月有3万名左右的游客到绿道周边的“农家乐”旅游消费，使沿线村集体经济比非沿线村增长快了53.6%；惠州市自红花湖绿道建成至今，接待游客近7万人次，去年国庆节期间游客日超8000人次，游客人数较绿道建成前大幅提升；江门市自绿道网建设以来，2011年接待游客2686.08万人次，同比增长28.41%。

如今，进入“三年成熟完善”期攻坚阶段的珠三角绿道网继续延伸，粤东西北地区绿道网规划建设工作开始启动，并取得初步成效，未来还将联通港澳。

## （六）重视机制创新，生态文明建设制度日趋完善

### 1. 出台生态文明建设的专项规章

2011年，广东省政府颁布了《关于进一步加强环境保护推进生态文明建设的决定》（简称《决定》）。《决定》指出：“进一步加强环境保护，是改善和保障环境民生、建设幸福广东的内在要求。”提出了要以“四个环保”——民主环保、民生环保、科技环保、法治环保建设资源节约、环境友好型社会等先进理念。为进一步深入推动广东省生态文明建设提供了有力保障。

### 2. 建立了政府官员的绿色考核机制

继广东省在1997年率先实行党政干部环保实绩考核制度之后，广东从2008年开始，率先在全国推行将生态环境纳入到官员的评价考核指标体系中，并且，越是经济不发达城市，生态考核的指标权重越高。通过绿色考核机制的完善，全省各级党政领导干部对环境保护工作比以往更加重视。具体表现为：党政领导干部自身环保认识水平的提高；主动过问环境保护

工作；将环保工作纳入党委和政府重要议事内容并制度化；落实环保投资等环保工作的难点问题等。目前，环保绩效考核已经使各地初步形成了党政一把手负总责，分管党政领导亲自抓落实，各相关部门积极配合，环保部门具体实施，人大、政协监督的党政领导干部亲自抓环保的工作机制。

广东省还将在全省范围内推行重点流域“河长”责任制。即按照政府对本地区环境质量负责的法定要求，由各地政府主要负责人担任“河长”，负责本地区内水污染防治和生态保护，并制定“河长”考核奖惩办法，对一年考核不合格的“河长”进行约谈；连续两年考核不合格的通报批评；连续三年考核不合格的，严格实行“一票否决”，两年内不得提拔。对一年考核优秀的“河长”通报表扬，连续三年考核优秀的予以奖励，作提拔参考。严格执行环保责任追究制度，对因决策失误造成重大水污染事故、严重干扰正常环境执法的领导干部和相关工作人员，一律先免职后查处。

**3. 绿色财税机制崭露雏形**

为更好地适应主体功能区规划的要求和加快经济转型，广东构建“绿色经济”和“绿色财政”的工作已扬帆起航。2010 年，广东出台了《关于调整完善激励型财政机制的意见》（以下简称《意见》）以及配套的《关于生态优化区域县（市）生态指标考核办法的说明》。《意见》要求，一方面，对处于限制开发区的市县，通过增加一般性转移支付的办法，增强财政保障能力；同时，改变现行激励型财政机制办法，对生态发展区引入生态保护激励型财政机制，将转移支付与生态保护挂钩，生态保护得越好，财政转移支付越多，反之，财政转移支付越少。其目的是，通过基本增长加生态保护激励相结合的转移支付制度，在保限制开发区基本运转的基础上增强改善环境的内在动力，进而使限制开发区达到与其他地区基本相当的公共服务能力。目前，清远市、开平市等地方政府已相继颁布实施了“生态激励型财政机制”的工作方案。

另外，“十二五”期间，广东省相继发布了《广东省环境保护专项资金使用管理办法》、《广东省节能专项资金管理暂行办法》、《广东省低碳发展专项资金管理暂行办法》等多项法规，绿色财政资金的管理也不断规范化和法制化，从而引导和支持了广东省绿色转型。

# 第四章　优化国土开发　建设绿色广东

## 一、编制发展规划——以“生态文明建设规划”为例

### （一）研究生态文明建设规划理论

**1. 生态文明建设规划的基本内涵**

规划是城市发展的龙头，城市建设需要相应的规划来引导实施。生态文明建设规划是以人与自然和谐为中心，以生态学、环境学、城市学、经济学、社会学等原理为指导，应用系统科学、辩证科学、规划科学等手段，协调社会、经济、环境三大对象，建设以人与自然和谐相处的社会体系、以生态产业为主的经济体系以及以承载社会经济发展需求与保证生态安全的环境体系，建设人与人、人与自然、人与社会和谐的社会、经济、环境协调发展的“社会—经济—环境”复合系统良性循环的文明社会，形成生态文明观下的良好人居生态环境格局的城市发展建设总体规划。

**2. 生态文明建设规划主要内容**

生态文明建设规划主要包括生态社会建设规划、生态经济建设规划、生态环境建设规划三大内容。

（1）生态社会建设规划。

①生态制度建设规划。

通过生态制度建设，约束人的行为，在严格执行国家法律法规的同时，制定适合地区社会经济与环境协调发展的规章制度、地方环境标准、生态考核制度、绿色 GDP 核算体系。包括生态机制建设规划、生态政绩考核制度建设规划、生态管理制度建设规划等。

②生态意识建设（生态教育）规划。

生态意识建设（生态教育）规划包括各级官员生态知识与意识培训工程、民众生态教育工程、学生生态教育工程。生态教育，使全民树立生态世界观与价值观，树立人与自然和谐的自然观，建立社会、经济与环境协

调可持续的发展观，健康适度的消费观。

③生态行为建设规划。

生态行为建设规划包括政府行为规划、企业行为规划以及个人行为规划三个层面。它要求在全社会倡导生态消费模式，以适度、健康的消费方式取代过去高消费、超前消费、铺张消费的不良行为，通过生态消费来引导产业的发展，向绿色、生态产业发展。

（2）生态经济建设规划。

①生态产业建设规划。

在生态文明建设中，所有产业按生态产业标准来规划设计，包括生态工业建设规划、生态农业建设规划、生态服务业建设规划及环境保护产业发展规划。

②清洁生产规划。

在工业与农业生产中推行清洁生产工艺，开展清洁生产认证，清洁生产认证企业数占全部企业数的比例要达到指定的水平。

③循环经济建设规划。

建设以生态工业园、生态农业园为主要形式的循环经济，所有新建工业、农业项目均要纳入到生态工业园和生态农业园当中。生态工业园、农业园的产值占工农业总产值的比例要达到指定的水平。

（3）生态环境建设规划。

①环境污染控制规划。包括各层面区域污染物削减规划、环境污染（大气、水、声、固体废物等污染）治理规划等。

②环境建设规划。包括环境功能区划分、环境保护目标规划、环境基础设施建设规划、生物多样性保护规划、水土保持规划、生态系统管育规划等。

## （二）探索生态文明建设规划方法

通过生态文明建设规划对象辨识方法、生态文明建设规划模式构建方法、生态文明建设规划方案编制方法、生态县建设规划方案优化方法等研究，建立一套适合生态文明建设规划的方法体系。

### 1. 生态文明建设规划对象辨识

根据“社会—经济—环境”复合系统理论，生态文明建设规划的对象是社会因子、经济因子与环境因子，以及它们之间的相互关系。

（1）社会因子。

社会因子包括地理位置与行政区域、政权结构、人口素质、生态体制、社会保障、管理体制、社会进步，社会细胞工程、社会公平以及社会生活各种资源与能源的，以及各种生活污染源排放量。

（2）经济因子。

经济因子包括区域国内生产总值，一、二、三产业结构及增加值，社会商品零售总额，固定资产投放，居民年人均可支持收入，单位 GDP 能耗，单位 GDP 耗水，主要农产品中绿色（无公害、有机）产品的比例，清洁生产企业比例，废水资源化率，废气资源化率，固体废物资源化率，经济生产过程的资源能源消耗，以及各种污染物排放量。

（3）环境因子。

环境因子包括资源因子，如森林资源、气候资源、生物资源、矿产资源、水资源、旅游资源等；环境质量因子，如水环境质量、大气环境质量、声环境质量、集中式饮用水源水质达标率、村镇饮用水卫生合格率、森林覆盖率、城镇人均公共绿地面积、退化土地恢复率、农村生活新能源占农村总能源消耗比例、受保护基本农田面积、环保投资占 GDP 比例；环境污染控制因子，如城镇生活污水处理率、工业固体废物综合利用率、规模化禽畜养殖场粪便处理率、化学需氧量排放强度、二氧化硫排放强度、秸秆综合利用率、农用塑料薄膜回收率、农林病虫害综合防治率、化肥施用强度、农村卫生厕所普及率；环境管理因子，如“三个同时”（污染防治措施要和主体工程同时设计、同时施工、同时投入使用）与环境影响评价制度执行率，生态环境提案、议案、建议比例，环境管理能力建设标准化达标率，污染物总量控制指标，环境污染治理资源能源消耗、环境服务功能等。

**2. 生态文明建设规划模式构建方法**

在多年的生态文明建设规划实践中，形成三种规划模式，分别为“生态社会—生态经济—生态环境”三位一体横向复合规划模式、“生态省—生态市—生态县—生态镇—生态村”多级耦合纵向规划模式、“生态规划—生态建设—生态管理”动态发展规划模式。

（1）“生态社会—生态经济—生态环境”三位一体横向复合规划模式。

人类社会是一个“社会—经济—环境”复合体，因而生态文明建设规划是一个全面的复合系统生态规划，而不是某个单项规划，它包括生态社会建设规划、生态经济建设规划、生态环境建设规划，三者缺一不可。其基本框架见图4－1。此规划模式的基础内容包括生态社会规划、生态经济规划以及生态环境规划。

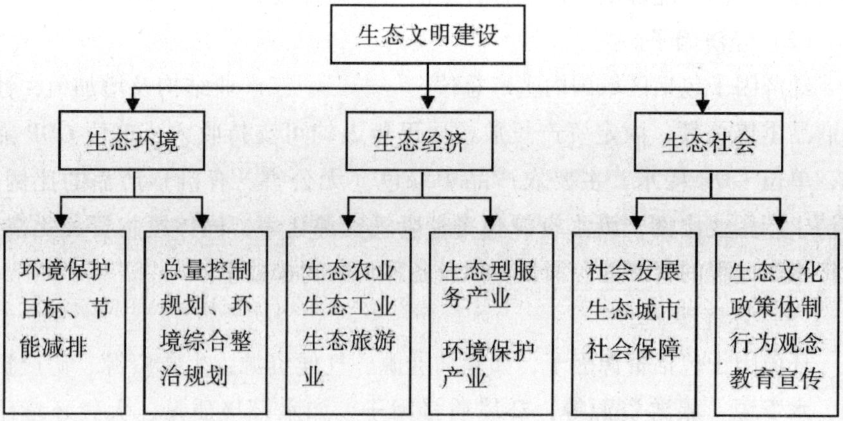


图4－1 “社会—经济—环境”复合生态规划模式图

（2）“生态省—生态市—生态县—生态镇—生态村”多级耦合纵向规划模式。

将省级行政区不断往下细分，可依次得到市、县、乡镇、行政村，而行政村则是组成省级行政单元的细胞单元，因而要实现省域范围内社会经济与环境永续发展，必须要实现一个村、一个乡镇、一个县、一个市的社会经济与环境永续发展。

多级行政区耦合纵向规划模式由各级行政区的生态规划组成，其规划模式图见4－2。

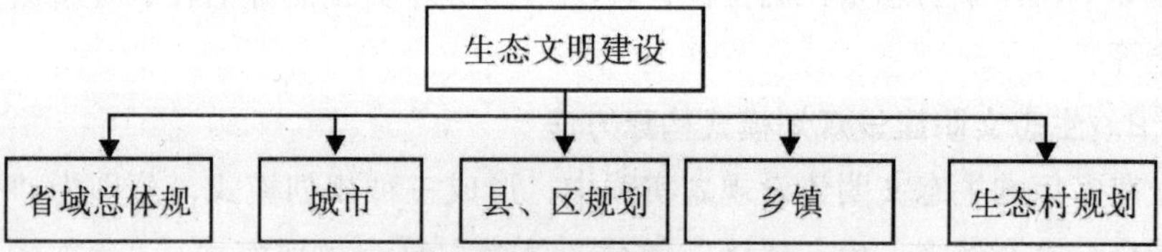


图4－2 多级行政区纵向耦合规划模式

（3）“生态规划—生态建设—生态管理”动态发展规划模式。

任何规划最终都必须实施，才能发挥指导作用，“规划—建设—管理”动态规划指既有规划目标、指标、规划方案，又有实现规模目标指标的建设工程项目，以及保障规划顺利实施的管理手段、措施。因此，此模式是保障规划顺利实施的一个有效形式，它包括生态规划、生态建设及生态管理三大内容。其基本框架见图4－3。

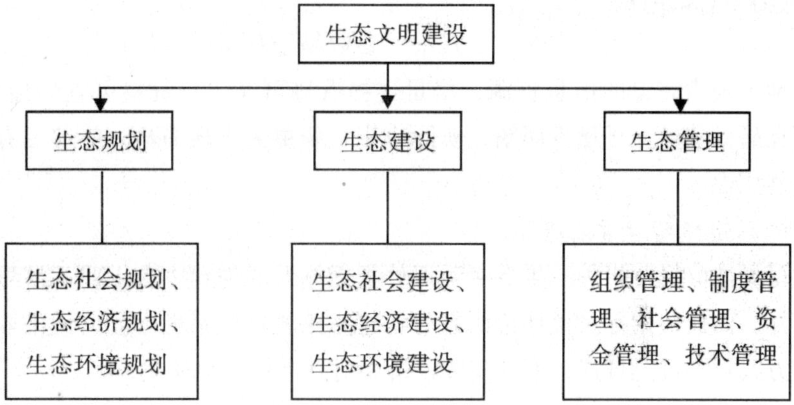


图4－3　“规划—建设—管理”动态发展规划模式图

## （三）构建生态文明建设指标体系

生态文明建设评价指标体系是评价生态文明建设程度的有效方式。

我国幅员辽阔，各地区先天条件及后天发展差异巨大，这些因素导致很难能设计出一套统一适用于中国各个地区或城市的生态文明建设指标体系，因而各地应结合自身特点，构建适宜自身生态文明建设的指标体系。

### 1. 生态文明指标选取的原则

生态文明评价指标体系要先从系统运行过程中提取具有标识性、可量化的指标来构建。在现行的国家统计标准中有大量的指标可供参考，包括生态、经济、社会的各个方面，因此，并不是缺少各项指标，而是过多的指标让我们无所适从。应对不同的地区或城市理应选择最适宜的指标，力求恰当地反映与描述现状并预测未来趋势。为此在指标选取过程中，应当遵循以下标准：

（1）整体性。

生态文明评价指标体系是对生态文明社会的总体性描述和概括，要求备选指标能够作为一个有机整体，在其相互配合中较为全面、科学和准确地反映和描述被考察地区生态文明的内涵和特征。

（2）典型性与代表性。

任何指标的选取必须具有代表性，能够集中反映生态文明的本质问题，同时有助于减少指标数量。并不要求构建一个庞大臃肿的指标体系，而是采取精简性的原则，让指标涵义通俗易懂，使得数学模型简便易行。

（3）可操作性。

尽量选择计算较为方便，公式中的参数易于获得的指标；尽量利用被考察地区较为完整的信息资源，尽量选择有迹可循，有资料可查的指标；并用在指标数量上尽量少而精，实际应用上要更为方便简洁。能够具有广泛的实用性。

（4）定性与定量相结合。

尽量选取量化指标。生态文明评价指标体系的构建中有一些不易量化的指标，而这些指标对该评价体系的构建又比较重要，那么就应该采取定性的方式对其进行描述，而在实际评价中对其进行量化处理。

（5）相对独立性。

在指标体系构建过程中，所选择的每个指标之间必须是相互独立的。要尽量避免相互关联或者相互交叉的现象，导致信息冗余重叠。

（6）可引导性。

生态文明评价指标体系不仅用于评价被考察地区的生态文明发展程度，对其未来发展方向也具导向作用，可有效引导政府和广大群众提高生态文明意识、正确树立各领域的关系。

**2. 生态文明指标体系建立的程序**

采用理论分析法与专家咨询法确定体系指标，其建立过程如图 4－4 所

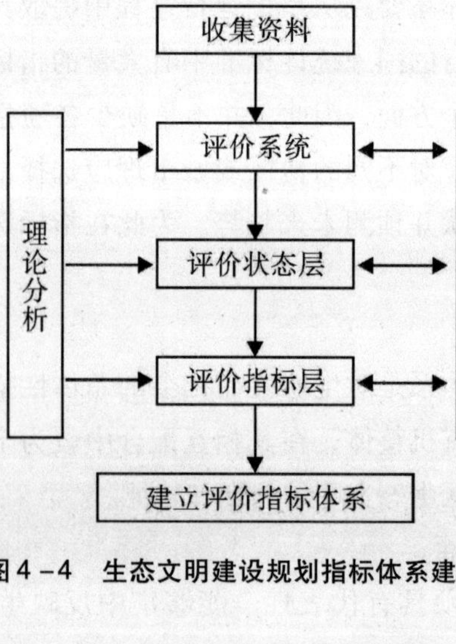


**图 4－4　生态文明建设规划指标体系建立程序**

示，即通过收集资料，确定评价系统，明确评价状态层，构建评价指标层，最终建立评价指标体系。

**3. 生态文明建设指标体系的建立**

利用专家咨询法进行专家调查，请专家对初步确定的指标体系的各级指标进行权重设置，根据层次分析方法计算指标权重，进行验证调整指标体系，对指标作进一步的筛选、调整，然后第二次对指标进行权重设置，再次进行筛选，以此方法，经过整理、综合、调整后得出生态文明建设指标体系。

## 二、实施主体功能区战略

主体功能区划是基于不同区域的资源环境承载力、现有开发密度和发展潜力，按照区域分工和协调发展原则，将特定区域确定为特定主体功能定位类型的一种空间单元规划。主体功能区一般包括：优化开发区、重点开发区、限制开发区和禁止开发区四类。

党的十八大报告指出，要加快主体功能区战略，推动各地区严格按照主体功能定位发展，构建科学合理的城市化格局、农业发展格局、生态安全格局。当前广东省正处于工业化和城市快速推进的阶段，各区域都把大力推行工业化和城市化当成最为重要的内容，部分区域不考虑自身的发展条件，盲目地和其他区域进行攀比，扩大开发速度和开发强度，企图加快地区发展速度，增加地区 GDP，导致区域空间无序开发。对此，广东省积极响应国务院的号召，于 2010 年编制了《广东省主体功能区规划》，并于 2012 年 3 月由广东省人民政府发文印发，进一步加快了主体功能区战略的实施，为广东省优化国土空间开发格局，开创区域空间有序发展的新局面提供了重要保障。

### （一）广东省国土开发战略

2010 年，广东省积极推动主体功能区规划，从战略高度出发，遵循不同国土空间的自然属性，着力构建“五大战略格局”。

**1. “核心优化、双轴拓展、多极增长、绿屏保护”的国土开发总体战略**

“核心优化”：“核心”是指珠三角核心区，是国家层面的优化开发区

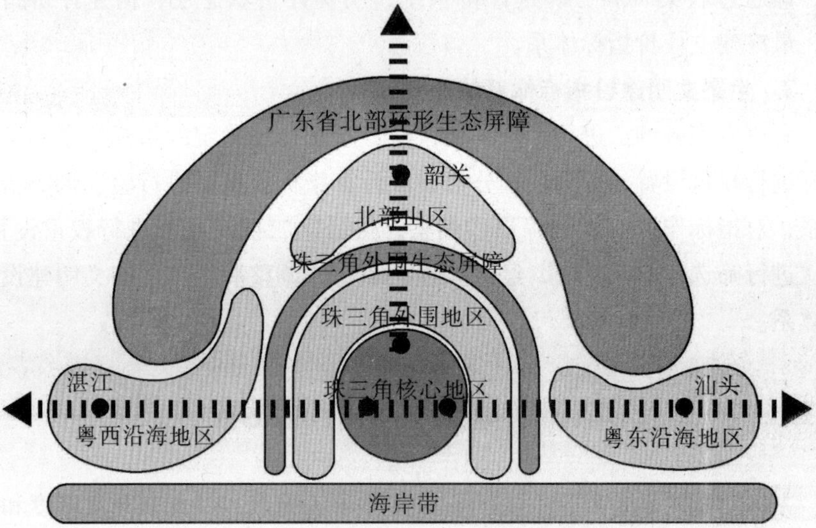


**图4－5　广东省国土开发总体战略格局概念图**

域。

“双轴拓展”：“双轴”是指沿海拓展轴与南北拓展轴（深穗、珠穗—穗韶拓展轴），构成支撑广东省空间开发格局的倒“T”字形主骨架，也是珠三角核心区向外辐射的主通道。

“多极增长”：“多极”包括由重点开发区域——珠三角外围片区、粤东沿海片区、粤西沿海片区和北部山区点状片区构成的广东省经济新的增长极。

“绿屏保护”：“绿屏”是指以广东省北部环形生态屏障、珠三角外围生态屏障以及蓝色海岸带为主体构成的区域绿地系统，是维护广东省生态环境与水源安全的“绿色屏障”。

**2. “一群、三区、六轴”的网络化城市发展战略格局**

“一群”：珠三角城市群，是广东省城镇空间格局的核心力量与辐射源。

“三区”：包括潮汕城镇密集区、湛茂城镇密集区和韶关城镇集中区，是广东省未来社会经济发展的新引擎。

“六轴”：包括两大主轴——沿海发展轴和深（珠）穗—穗韶城市功能拓展轴；四个副轴——云浮—肇庆—佛山—广州—河源—梅州城镇发展副轴、汕头—潮州—揭阳—梅州城镇发展副轴、惠州—河源城镇发展副轴、海安—廉江城镇发展副轴。

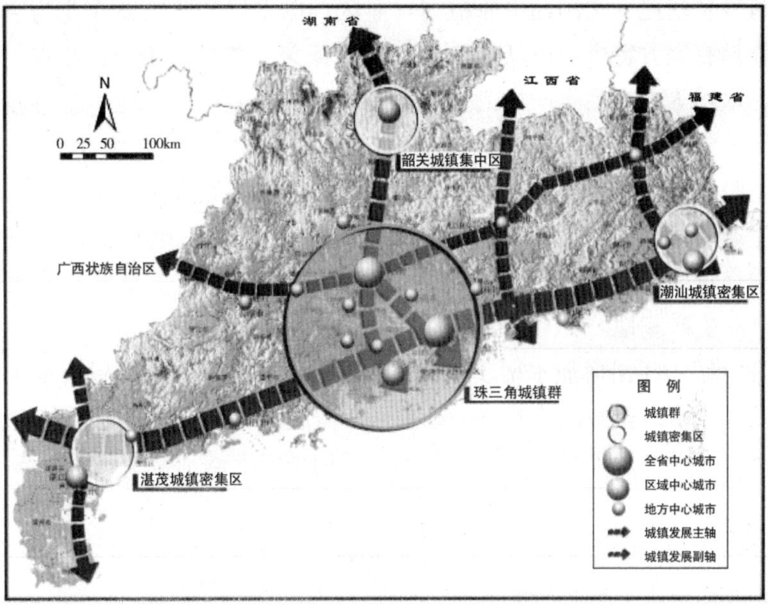


图4－6　广东省城市化战略格局示意图

3. 以“四区、两带”为主体的农业战略格局

“四区”：①珠三角都市农业区：以发展都市农业为主，依托珠三角现有的十大农业现代化示范园区，重点建设南亚热带水果、花卉、蔬菜以及

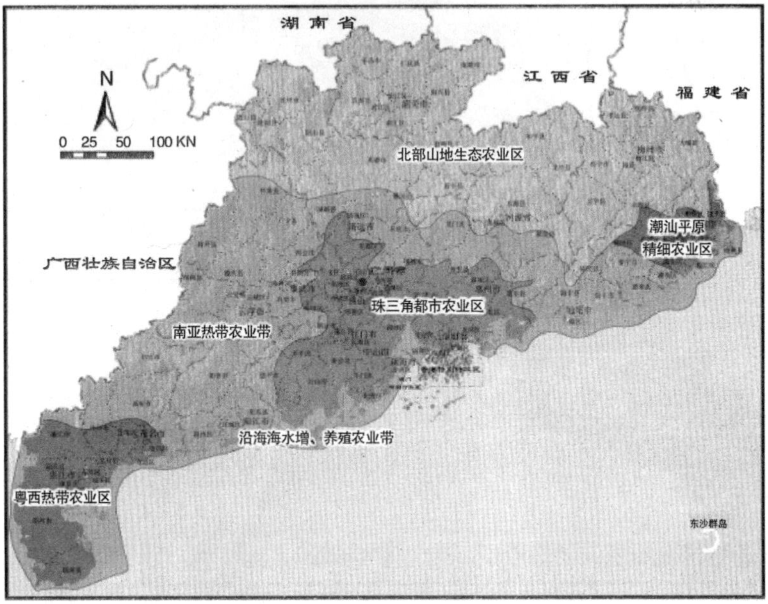


图4－7　广东省农业战略格局示意图

淡水鱼养殖基地。②潮汕平原精细农业区：以发展特色效益农业为主，建设一批具有地方特色和市场优势的加工型蔬菜、蕉柑、茶叶、花卉、特色水果、水稻等农产品生产加工基地，以及对台农业合作基地。③粤西热带农业区：雷州半岛至电白，重点是稳定发展粮食生产，并建成早熟荔枝、优质龙眼及香蕉、菠萝、糖蔗、北运菜和南亚热带花卉生产基地。④北部山地生态农业区：以发展山区生态农业为主，依托山地及小气候资源优势，重点建设水稻、茶叶、沙田柚、反季节蔬菜、花卉、烟草和水果等生态农产品生产基地。

“两带”：①沿海海水增、养殖农业带：重点建设珠江口咸淡水优质鱼养殖以及深水网箱和沉箱养殖，粤东网箱养殖和工厂化养鲍鱼，粤西珍珠和对虾、贝类养殖等现代化示范基地。②南亚热带农业带：化州—高州—信宜—电白—阳江—云浮—肇庆—清新—清城—从化—增城—龙门—博罗—惠东—紫金—汕尾—普宁—惠来—潮南，以粮食生产以及荔枝、龙眼、柑桔等亚热带水果生产为主。

**4. 以“两屏、一带、一网”为主体的生态安全战略格局**

“两屏”：①广东北部环形生态屏障：由粤北南岭山区、粤东凤凰—莲花山区、粤西云雾山区构成，具有重要的水源涵养功能，是保障全省生态

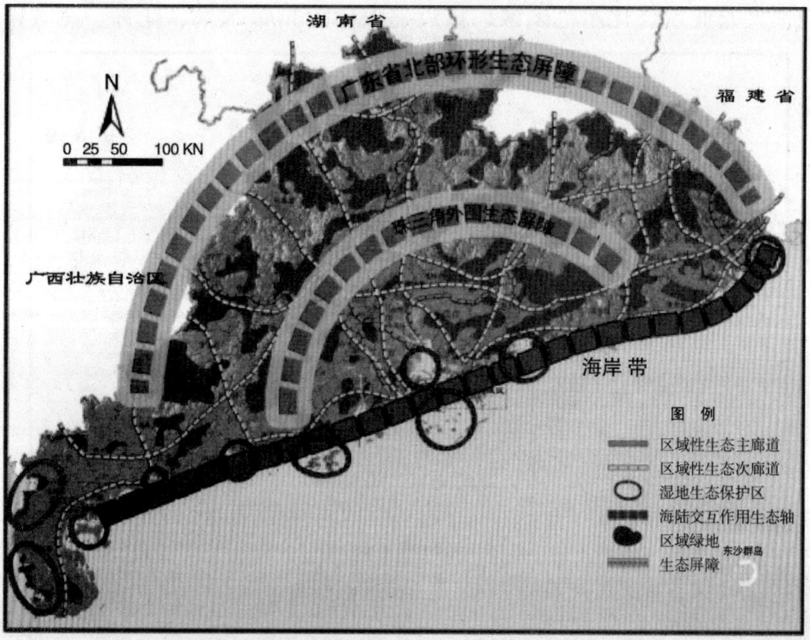


图4－8　广东省生态安全战略格局示意图

安全的重要屏障。②珠三角外围生态屏障：由珠三角东北部、北部和西北部连绵山地森林构成，对于涵养水源、保护区域生态环境具有重要作用。

“一带”：蓝色海岸带。是指广东省东南部广阔的近海水域和海岸带，包括大亚湾—稔平半岛区、珠江口河口区、红海湾、广海湾—镇海湾、北津港—英罗港、韩江出海口—南澳岛区等区域，是重要的“蓝色国土”。

“一网”：以西江、北江、东江、韩江、鉴江以及区域绿道网为主体的生态廊道网络体系。

**5. 以“三大网络、三大系统”为主体的综合交通战略格局**

形成以广州、深圳、湛江为全国性综合交通枢纽城市，以汕头、珠海、韶关为区域性综合交通枢纽城市，以其他地级市为地区性综合交通枢纽城市，以空港、海港和陆路交通枢纽为结点，以高速公路、轨道交通、主要出海航道及千吨级以上内河航道、油气管道为骨架，公路、轨道交通、水路、航空和管道运输等多种运输方式有效衔接，层次分明、功能完善、环保高效的综合交通运输体系。

“三大网络”：①高速公路网：形成以珠三角为核心，以“九纵五横两环”为骨架，与港澳和周边省份紧密衔接的高速公路网。②轨道交通网：形成以广州为中心，与周边地区紧密相连的干线铁路网和珠三角“三环八

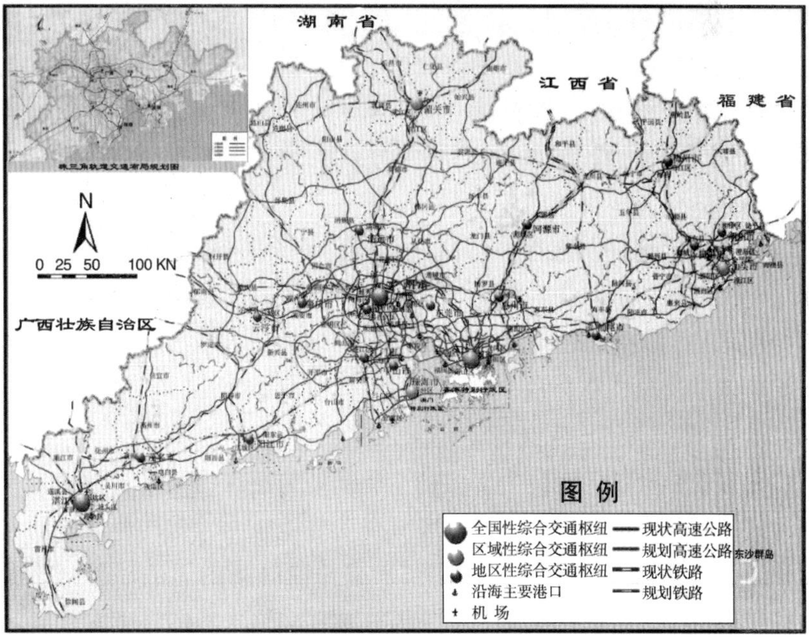


图4－9　广东省综合交通战略格局示意图

射”城际轨道交通网络主骨架。③高等级航道网：形成西江、北江航运干线和珠三角“三纵三横三线”高等级航道网。

“三大系统”：①集装箱运输系统：以深圳港、广州港为沿海集装箱干线港，汕头、惠州、虎门、珠海、湛江等港口为支线港，其他中小港口为喂给港，并与公路、铁路运输相衔接配套的集装箱运输系统。②能源运输系统：由全省沿海主要港口及大型电厂、钢厂等专业码头组成的煤炭接卸系统和以广州、珠海、虎门、汕头等港口为主的煤炭中转系统；由大型炼化基地相关港口承担的原油接卸系统；主要港口的天然气、成品油接卸中转储运系统及覆盖全省主要城市的成品油管道系统和天然气管道系统。③快速客运系统：以广州白云国际机场为枢纽、干支结合、功能明确、层次清晰的民航运输体系；由高（快）速铁路和珠三角城际快速轨道交通网组成的铁路快速客运系统，以及以高速公路客运为主体的公路快速客运系统。

## （二）广东省主体功能分区资源环境压力分析

### 1. 优化开发区——过度开发导致超承载力的环境压力

广东省优化开发区集中于珠江三角洲核心地区，也是国家层面的优化开发区。包括广州、深圳、东莞、中山、珠海五市全部，佛山市的禅城区、南海区、顺德区，江门市的蓬江区、江海区、新会区，惠州市的惠城区，共涉及 8 个地级市，28 个县区市，面积 19714 平方公里，占全省总面积的 10.97%，户籍人口 1865.71 万人，常住人口 3066.84 万人，GDP19695.23 亿元，耕地面积 2314.42 平方公里。

广东省的优化开发区在经济高速发展、外来人口大量涌入的背景下，基本遏制了环境污染恶化的趋势。近年来，随着对该地区环境治理投入力度的持续增加与产业结构调整，局部地区环境质量有所改善，但地区整体环境污染依然严重，复合型、累积型环境问题日益突出，环境保护形势不容乐观。

广东省优化开发区定位为现代制造业基地与泛珠三角经济龙头。目前该地区通过转移高能耗产业，缓解区域资源环境压力，但产业结构的完全改变仍需较长时间，污染排放强度在未来一段时间内无法显著减少。因此，在今后一段时间内，优化开发区仍将继续面临强烈的过度发展导致超承载力的环境压力。

因此，优化开发区应解除结构性污染，严格持续实现污染物减排，做到增产减污，解决突出的环境问题，至2020年，保证单位生产总值能耗和环境质量达到或接近世界先进水平，创造良好的人居环境，把优化开发区建成全面、协调的永续发展示范区。

**2. 重点开发区——快速增长将使环境压力陡增**

广东省重点开发区主要分布在珠三角外围及粤东、粤西沿海，少量呈点状散布于北部山区，包括珠三角外围、粤东沿海、粤西沿海和山区点状片区四个片区。含65个县区市，区域总面积89526平方公里，占全省总面积的48.75%，户籍人口4645.15万人，常住人口4700.15万人，GDP5620亿元，耕地面积19043.4平方公里。

重点开发区作为广东省经济增长的新引擎，将是全省人口、产业聚集以及城市化的集中区域，也是珠三角核心区产业转移的主要承接地。然而，重点开发区局部地区环境问题凸显，表现为水环境容量利用水平较高，近岸海域生态环境破坏较严重；局部空气污染比较严重，部分城市灰霾现象严重等。同时，落后的经济增长方式与快速的增长速度更使该区域资源环境压力陡增。

因此，重点开发区应科学合理使用环境承载力，加快环保基础设施建设，控制污染物排放总量，做到增产不增污，严防环境恶化。

**3. 限制开发区——发展冲动与脆弱环境冲突产生的压力**

广东省限制开发区以岭南山地为中心，包括北江上游、东江上游、韩江上游以及鉴江和漠阳江上游地区，共28个县区市。总面积58760平方公里，占全省土地总面积的33.74%，常住人口1540.41万人，GDP总值1040.85亿元，耕地面积7462平方公里。

限制开发区关系全省生态安全、水资源保护，既是保障全省农产品供给与生态安全的主体区域，又是全省重要的生态功能区与水源涵养区，该地区的生态环境安全关乎全省，乃至全国的食品安全与生态安全。该区域目前人口密度与经济强度均较小，人类活动的环境压力较小，然而，限制开发区人民具有强烈的发展冲动，且往往倾向于选择资源密集型与环境污染较大的发展路径，发展冲动与脆弱环境保护要求之间的冲突非常强烈，对当地资源环境安全产生较大的压力。

因此，应进一步改善水土流失，有效控制水土流失敏感区域，限制重污染产业发展，引导发展生态型产业，形成有利于当地生态环境保护的产业结构，保障全省乃至全国的食品安全与生态安全。

**4. 禁止开发区——实现零负干扰的压力**

广东省禁止开发区包括：①国家级、省级自然保护区；②国家级、省级风景名胜区；③国家级、省级森林公园；④世界级、国家地质公园；⑤水源保护区。共 183 处，总面积 15064.42 平方公里，占全省总面积的 8.65%。

禁止开发区是维护国土生态安全、保护自然资源与文化遗产、保全生物多样性、维护自然生境、促进人与自然和谐发展的核心区域。目前，禁止开发区虽基本无人类定居，但周围人民群众特别是原本依赖保护区内资源谋生的群众，具有强烈的开发冲动，已成为保护区生态安全的主要干扰因素。同时，由于保护区划定不合理、饮用水水源保护区污染风险较大、森林旅游地环境日益恶化、保护区管理机构能力不足等问题的存在，各类保护区管护能力较弱。可见，禁止开发区内人类活动的负干扰与保护区生态保护目标间的矛盾非常尖锐。

在禁止开发区内，应坚持强制性保护，依据法律法规和相关规划严格监管，严禁一切不符合区域功能定位的开发活动，控制人为因素对自然生态的干扰和破坏。

**表 4-1 广东省各主体功能区功能定位与环境压力表**

| | 功能定位 | 发展要点 | 环境问题 | 环境压力 |
|---|---|---|---|---|
| 优化开发区 | 经济持续发展和人口集聚的核心区域 | 转变传统的工业化和城镇化模式；<br>提高增长质量和效益 | 水环境质量局部有所改善，总体呈流域蔓延趋势；<br>机动车尾气型空气污染凸显，灰霾天气严重；<br>土壤污染构成复杂；<br>环境痕量污染凸现； | 过度开发导致超承载力 |
| 重点开发区 | 承接人口转移、工业化和城镇化的重点区域 | 加速工业化与城镇化速度 | 部分地区可利用水环境容量较小；<br>局部空气污染比较严重；<br>近岸海域生态破坏较严重；<br>部分城市灰霾现象严重 | 快速增长将使环境压力陡增 |

续上表

| | 功能定位 | 发展要点 | 环境问题 | 环境压力 |
|---|---|---|---|---|
| 限制开发区 | 保障食品安全、保障生态安全主要区域 | 加快生态修复；<br>加强农业生产 | 生态本底脆弱且生态功能重要；<br>发展冲动强烈，倾向选择资源环境负荷较大的发展路径 | 发展冲动与脆弱环境冲突 |
| 禁止开发区 | 传承文化遗产<br>确保本省生态平衡和自然特色<br>改善区域生态环境质量 | 实行强制保护；<br>禁止对自然生态进行人为破坏活动 | 保护区划定范围过小；<br>生态保护效益较低；<br>水源保护区污染风险日益增大；<br>森林旅游地环境日益恶化 | 实现零负干扰 |

## 三、转变发展布局

发展布局主要是指区域产业的发展布局，即产业在一国或一地区范围内的空间分布和组合的经济现象。产业布局在静态上看指形成产业的各部门、各要素、各链环在空间上的分布态势和地域上的组合；在动态上，则表现为各种资源、各种生产要素甚至各产业和各企业为选择最佳区位而形成的空间地域上的流动、转移或重新组合的配置与再配置过程。产业布局是否合理直接影响到该国或地区经济优势的发挥和发展速度。

### （一）调整发展布局，优化环境承载能力

#### 1. 生态文明建设的产业发展布局

相较于传统的产业布局，生态文明建设的产业布局是指通过各部门、各环节在某一国家或地区的地域上的动态组合分布，构建产业共生系统，建立一条完善的产业链或产业网，实现资源的再生、循环利用以及废弃物

资源化，减少废弃物排放量，进行清洁生产，同时还要考虑系统的完整性，完善产业结构，推动产业结构优化升级，最终实现经济、环境和社会的协调、永续发展。

生态文明建设的产业布局强调与自然的协调性，要充分发挥资源的相对比较优势，最大可能地实现区域内外产业资源的优化配置，建立完整的资源高效利用的生态产业链，进行副产物交换、实现污染零排放。最终实现人地和谐、经济与自然和谐、社会与环境和谐。

生态文明建设的产业布局模式有以下三种：

（1）增长极模式。

增长极模式是在增长极理论的基础上提出来的，增长极是指具有推动其他产业发展的主导产业和创新产业以及其关联产业聚集形成的经济中心。在产业发展方面，通过与周围的经济技术联系而成为区域产业发展的组织核心；在空间上，增长极是支配经济活动空间分布与组合的中心；在物质形态上，增长极则表现为区域的中心城市。由于区域有大小之分，这将直接导致增长极也有规模等级之分。增长极主要通过支持效应、乘数效应、极化效应与扩散效应而对区域经济活动产生组织作用。

（2）点轴模式。

点轴模式是对增长极模式的延伸，是应用增长极理论谋求落后地区进一步的发展，是从增长极模式演变而来的区域产业开发布局模式。将图论引入产业布局模式，将经济看作是由点和轴的空间组织形式。所谓的“点”指的是增长极；而“轴”则是指交通线路。其基本思路是：在选定范围内，选择主要交通线路经过地带，并要求这些地带有着良好的资源环境和较大的开发潜力作为发展轴予以重点开发；然后在发展轴上确定增长极，并确定其发展方向和功能；确定发展战略重点中的抉择极和发展轴的等级体系。在生态产业布局中，可能通过“点—轴”布局模式充分发挥地域资源与技术优势，带动发展轴沿线的周边地域经济的发展，将生态产业链延伸到发展轴周边区域，带动更大范围内的生态建设，构建更完善的生态产业系统。

（3）网络模式。

在经济布局框架已经形成，点轴系统比较完善的地区，进一步开发就可构成现代区域的空间结构。一个现代化的经济区域，其空间结构必须同时具备下列三大要素：一是“节点”，即增长极的各类中心城镇；二是

"域面"，即沿轴线两侧"节点"所吸引的范围：三是"网络"，由商品、资金、技术、信息、劳动力等产生要素的流动网及交通、通讯网组成。网络开发可提高节点与域面之间生产要素交流的广度和深度，促进地区经济一体化，特别是城乡一体化；网络的外延，则可将区域经济技术优势向四周区域扩散，将更多的生产要素进行合理的调整组合。这是区域发展中一种比较完善的模式，是区域经济发展走向成熟阶段的标志。

生态文明建设的产业布局，最重要的原则之一就是形成产业集聚效应，促进资源的高效配置、发挥地域产业资源优势，带动关联产业的发展、带动周边地区经济的发展。这种扩散效应仅仅通过几条"发展轴"的带动很难实现，必须要建立一个"点—轴"系统相耦合、有机关系的网络模式。通过网络的外延，将生态技术、人才、信息等优势向整个区域甚至向区域外扩散，促进经济一体化的发展。

**2. 环境承载能力**

(1) 环境系统。

环境承载力中的"环境"是指以人类为中心的外部世界，这是一个极其复杂的巨系统，且是一个不断依靠能量、物质、信息的输入输出来维持其自身稳定运行的远离平衡状态的开放系统。如果将人类社会也视为一个大系统，则环境系统与人类系统相互作用、互为耦合。

环境系统的组成要素有各大气组成物、水、土壤、各种生物以及人类生存所处的近地空间与各种人工建筑，它们分别构成了大气环境、水环境、土壤环境以及城市环境等要素子系统。环境系统的结构指环境系统各要素之间的联系和相互作用方式，包括各环境要素的赋存量及其有规律的运动变化。环境的功能指环境系统与外部介质（主要是指人类系统）相互作用的能力，它由环境系统的固有结构决定。具体地说，某一区域环境或某一要素环境子系统的功能是指其维持自身稳态或自组织的能力及其与人类系统相互作用（提供自然资源、容纳并净化废弃物）的能力和方式。如果人类系统选取与自然环境最为相关的社会子系统与经济子系统，则人类系统与环境系统的相互作用关系如图 4 - 10 所示。

由图 4 - 10 可见，环境系统既为人类活动提供空间和载体，又为人类活动提供资源并容纳人类活动带来的废弃物，换言之，对人类而言，环境是一种资源，由于环境系统的各组成要素在数量上存在一定的比例关系，在空间上有一定的分布规律；同时，各环境要素其自身的供应量和产出速

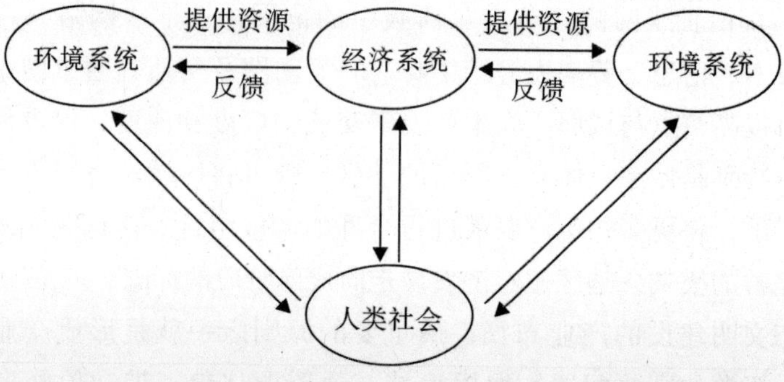


图 4-10 环境系统与人类社会、经济系统的相互作用

度是有限的，环境要素组合方式的形成速度可谓极其缓慢，环境的自净能力更是有限的，也就是说在一定的时空条件下环境对人类社会经济发展活动的支持能力是有限的。因此，作为“资源”的环境对人类而言是有“价值”的，环境的“资源观”和“价值观”正是环境承载力的概念应运而生的思想前提。具体地说，由于人类系统与环境系统的作用是相互的，所以人类系统对环境系统的作用，即人类系统从环境系统获取资源并向其排放废弃物等可以用环境系统承受人类系统的这一作用来表述。

（2）环境承载力概念。

环境承载力评价的基础是环境系统。研究环境承载力首先要界定环境空间承载了什么东西。对此，学者们有三种不同的观点：承载环境污染物、承载人口规模、承载人类的社会经济活动。这三种观点的共同之处就是环境承载力不是单纯衡量自然环境的量值，而描述的是人类活动与环境之间的相互作用。

因此，可将环境承载力定义为：以维持环境系统和人类活动的永续发展为目标，在一定时间和空间条件下，区域环境系统所能承受的人类各种社会经济活动的能力。

### 3. 广东省发展布局优化

2011 年广东省总 GDP 为 55220.63 亿元。若按地理形态与经济集中度划分，可将广东省划分为珠江三角洲、东翼、西翼和山区四个片区。

其中，珠江三角洲包括：广州、深圳、珠海、佛山、江门、东莞、中山、惠州和肇庆。东翼指汕头、汕尾、潮州和揭阳。西翼指湛江、茂名和阳江。山区指韶关、河源、梅州、清远和云浮。

则 2011 年广东省上述四分区的三产业地区生产总值见图 4-11。

由图 4-11 可以看出，广东省的经济发展布局并不平衡，表现在：①

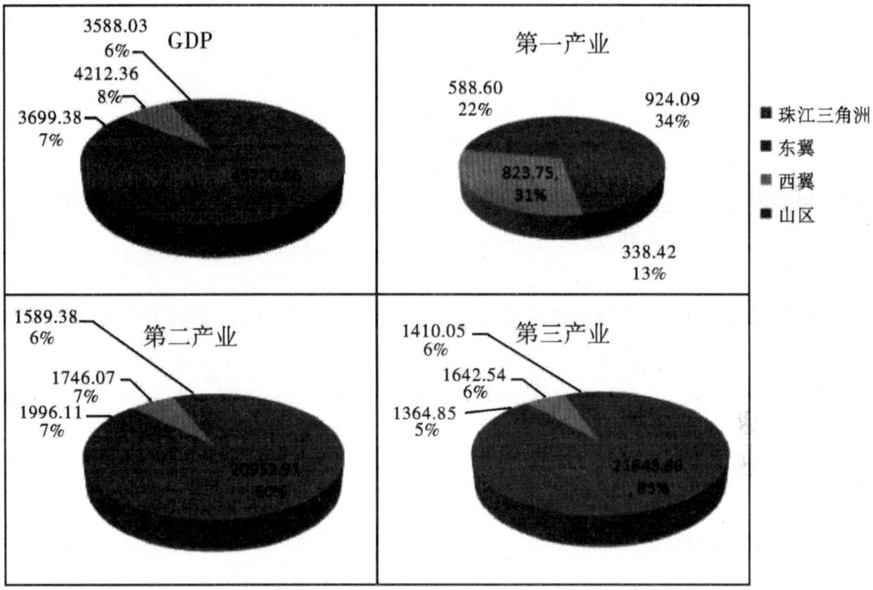


**图4－11　2011年广东省区域地区生产总值比例（亿元）**

珠江三角洲地区生产总值占广东省地区生态总值的79%之多，远高于其余三个片区的总和；②除第一产业地区生产总值的空间分布较为均衡外，二、三产业空间分布极不平衡，珠三角在这两类产业中分别占到80%与83%之多。因此，在新时期建设社会主义和谐社会的进程中，调整产业布局，优化区域环境承载能力，已成为广东省建设生态文明的必由之路。

（1）第一产业发展布局优化。

由于自然地理、资源禀赋、环境质量等因素的多样性，广东省区域农业具有显著的差异性。综合考虑地形地貌、农业资源及区位条件等因素，结合各地区农业发展模式及产业特点，并顾及《广东省主体功能区规划》中对“国家级农产品主产区”的相关规划，通过区域类比，可将广东省区域农业发展划分为“四区一带”的空间区划。

“四区”即根据传统的地域区划，将广东省区域农业分为：珠三角都市农业产业区、东翼精细农业产业区、西翼规模农业产业区以及山区生态农业产业区。“一带”则是指滨海水产养殖产业带，涉及范围包括东翼的潮州、汕头、揭阳、汕尾，珠三角的惠州、深圳、珠海、江门，西翼的阳江、茂名和湛江等地的沿海地区。

各农业产业区的农产品功能定位如表4－2所示。

表4-2 各区农产品功能定位

| 分区 | 农产品功能定位 |
|---|---|
| 珠三角都市农业产业区 | 该区经济发展迅速，农业供给功能相对弱化，所需大宗农产品大部分由区外供给 |
| 东翼精细农业产业区 | 该区耕作较精细，经济作物以茶叶为主，茶叶产量占全省的40%，此外，其肉牛、禽蛋、海水养殖也比较发达 |
| 西翼规模农业产业区 | 该区的农林牧渔业发展比较全面，农产品供给水平高，是广东省粮食、水果、肉类、水产品的主产区，在保障全省农产品安全方面有着举足轻重的地位 |
| 山区生态农业产业区 | 该区森林资源丰富，森林覆盖率达65%以上，是省内用材林、经济林基地 |
| 滨海水产养殖产业带 | 拥有天然资源优势，水产资源丰富，是广东省主要的水产养殖基地。同时，该区区位优势显著，适宜开发农产品物流，出口具有先天优势 |

（2）第二产业发展布局优化。

①广东省工业发展布局现状。

珠三角地区依靠优越的地理位置和优惠政策，工业经济迅速崛起，成为世界制造业基地。2009 年，珠三角地区共有规模以上工业企业 41647 家，较 2008 年减少了 1223 家，完成工业增加值 15285.69 亿元，工业总产值 58155.82 亿元，占全省工业的 83.8%。表现尤其突出的是深圳市经过改革开放 30 多年的发展，由工业生产基本空白的状况（1978 年工业总产值分别只有 0.17 和 0.18 亿元）转变成为广东工业经济总量第一大市，2009 年规模以上工业总产值 15416.24 亿元，占全省 22.58%，工业增加值 4014.36 亿元，占全省 22%。

东西两翼和粤北山区的工业经济也有了一定程度的提高和发展，特别近几年发展速度有所提升。2009 年，东、西两翼及粤北山区各有规模以上工业企业 5723 家、2173 家和 2674 家，分别完成工业增加值 938.03 亿、851.18 亿和 1160.31 亿元，工业总产值 3585.06 亿、2631.48 亿和 3903.40

亿元，占全省工业的比重分别为5.3%、3.9%和5.7%。尤其东翼和山区快速发展表现突出。东翼及山区工业主要以传统的民营企业为主，加上受产业和劳动力双转移的影响，工业生产保持快速发展势头。2009年东翼、山区完成增加值840.92亿元和1538.87亿元，增长17.8%和17.5%，增幅分别高于同年全省水平8.9和8.6个百分点，其中东翼的揭阳和山区的清远增加值增速分别高达26.8%和27.0%。

②广东省工业发展布局优化建议。

整体上来说，广东的工业经济实力强大，其极大地推动了广东经济的发展，但产业布局不均衡的空间布局问题明显。而且从分析出来的结果显示，具有竞争优势、产业关联度大等条件的工业产业，发展成熟、具有规模等优势的企业大部分还是分布在珠三角地区，所以珠三角地区具有很强大的工业基础，而东西两翼和粤北山区的发展有限。针对这种情况，广东省应根据各个区域的自然资源条件、人力资源情况、经济技术发展水平、产业基础等因素进行科学分析和综合评价，通过产业转移改变全省集中发展的局面，从而逐渐向均衡发展过渡。一方面，提升珠三角优势产业，特别是资金密集型和技术密集型产业的发展层次，整合资源和协调产业链分工，实现珠三角尤其是广州、深圳、东莞、佛山“品牌输出，产业转移，拓宽空间，高新引进，优化结构，再上台阶”的目标。另一方面，东西两翼、粤北山区应该以具有地方特色和竞争优势的产业为基础培育优势品牌和产业集群，应该根据当地的资源状况，扶持发展几个规模化品牌知名度高的龙头企业，与当地形成良好的配套，带动当地经济的发展。

珠三角地区的产业集群，多为王国式企业（中心—卫星型）网络的集群。集群网络完善对策分布建议：首先，核心大企业是网络中的核心集散节点，首要目标是保证核心企业的稳定发展。其次，由于多数中小企业都与核心企业有密切的合作关系，为了使它们能很好地与核心企业配套，中小企业的实力就需要不断地提升。再次，核心企业专攻营销战略、产品研发等技术含量较高的领域，中小企业就要在专业化的领域里谋求更尖端的技术专长，中小企业之间就要建立更紧密的联系去协调交流技术的分工问题。

东西两翼及粤北山区的欠发达地区的产业集群，多为企业共和式（分散型）网络的集群。共和式网络中各个中小企业实力相当，没有明显的集散节点，主要为非集散节点，主要的目标就是整体提升企业的实力，通过形成专业化的集群组合，为整个集群进行品牌宣传、推广、管理、维护费用等共同负担，分忧解难，形成有影响力的产业集群品牌。借助集群品牌的影响，每个企业都获益，竞争起来还是有优势的。针对东翼两翼、粤北山区普遍存在工业经济规模小、产业相对分散、缺少经济聚集效应和龙头带动效应的情况，应根据当地的资源状况、工业基础等逐步培育和发展产业集群，提高产业承接能力。现阶段重点应做到以下几方面：①重点发展有比较优势的特色产业。应充分利用欠发达地区的资源优势及现有的产业基础，强调特色，依靠市场的调节力量进行分工协调。加快发展资源、人力需求大，技术要求相对不高的劳动密集型行业，如食品工业、纺织工业等的发展。在原有基础上，向周边区域延长产业链，带动和促进产业集群的形成和发展。②通过产业项目和产业转移工业园的建设促进产业集聚。依托产业转移政策积极推进对区域带动性强的大型产业项目建设，使上下游产业链不断延伸，拓展产业空间。合理对转移工业园进行定位，完善园区内的投资环境，形成特色工业园区。无论是东西两翼产业集群的建设和加强，还是山区集群条件的培养，都不是一朝一夕所能完成，必须依赖市场资源配置的主导作用，循序渐进地积累。地方政府在集群建设和培养过程中，可以起到规划、引导、协调和促进的作用，从而弥补某些情况下市场失灵的缺陷，但是必须杜绝地方政府完全主导、单方面实施的做法。落后地区自身产业集群的建设，以及对珠三角地区产业集群的承接，最终都是市场的行为，其主体必须是企业。③加强承接地基础设施建设。政府通过与各大学、科研机构等联合，动用社会上各智囊团来解决产业转移的问题，利用各种形式引入市场和竞争机制，加大基础设施建设力度，提高公共设施供给的效率，吸引更多的企业进行产业转移。

（3）第三产业发展布局优化。

针对广东省服务业发展区域性差异过大这一现状，优化广东服务业发展布局应从以下几个方面着手。

①统筹区域服务业发展，结合各地区特点，实行差别化的服务业发展政策。

目前广东省各地区服务业发展水平差异较大，而且差距还有加大的趋势，地区之间服务业发展水平的差距制约着广东省整体服务业的快速发展。应按照因地制宜、优势互补的原则，注重特色发展和结构协调，促进各地区服务业的协调发展，以提升整个广东省的服务业水平。

珠江三角洲地区经济比较发达，服务业的需求潜力较大，因此要把服务业摆在重要位置优先发展，努力提升产业结构层次。积极用高新技术和先进管理方式改造提升传统服务业，并重点抓好生产性服务业包括物流业、会展业、商务服务业、技术服务业的发展，大力引进金融、管理咨询、法律、教育培训等中介服务行业，实现服务业和现代工业相互促进、全面发展的局面。

东西两翼和粤北山区服务业发展落后，今后要通过政府引导，强化优势，突出特色，培育新的增长点，因地制宜地发展具有资源优势的服务业、劳动密集型服务业、传统服务业，包括旅游、运输、批发零售业、酒店业、餐饮业、居民服务业等，形成较为合理的服务业地区布局和城乡布局，以“数量扩张”促进服务业的发展。

②提高城乡居民收入水平，带动服务业消费，促进服务业快速发展。

提高居民收入水平，是提升服务业消费的一个行之有效的办法。消费是促进服务业发展的重要支撑，消费者需求的增加，对改善生活质量的服务业相关产业提出更高的需求，这将是服务业发展的长期微观动力。因此，政府应该把消费拉动放在更加重要的位置，着重做好以下工作：一是认真抓好民生保障体系建设，通过加大财政支出、加快完善社会保障体系和解决教育、医疗卫生、住房等领域的突出问题，降低人们对未来风险的预期，增加消费者的消费信心，以提高消费水平，扩大内需。二是要建立城乡居民的收入稳定增长机制。在可控范围内，调整财政税收、企业与个人之间的收入分配关系，切实提高居民收入水平。三是创造良好的消费环境。在招商引资和大力发展民营经济的基础上，提高全市服务业的整体档次和水平，要将服务软环境建设作为服务业发展的重点，在各行业中开展优秀服务企业、优秀服务标兵评选活动，以先进典型带动服务业各行业服务水平的提升。

③创造良好的政策环境，加大力度扶持服务业的发展。

服务业的发展需要政策的适当扶持，政府需要制定优惠鼓励政策，在资金、用地等多方面予以支持。一是要努力扩展投融资渠道，积极帮助有条件的服务业企业通过股票上市、企业债券、项目融资、资产重组等方式进入国内及国外的资本市场；进一步完善服务业中小企业信用担保体系，并鼓励各类投资担保机构将服务业中小企业作为重点担保对象，解决中小企业经营状况起伏不定、市场竞争力弱、生存期短、企业信用度低、贷款难等诸多问题。二是要加大财政对服务业的支持力度，重点支持服务业关键领域、薄弱环节发展。同时，制定优惠政策鼓励其他渠道投资进入服务业。对非营利性服务业，要在政策、经营条件等方面给予适当支持，鼓励其发展；对营利性服务业，一般不直接投资发展，主要通过营造良好环境并提供合适的经济信息，由市场决定其存在和发展。三是调整城市用地结构，合理确定服务业用地比例，在土地资源配置和城市规划建设方面对现代服务业给予适当倾斜，重点推进各市现代服务业集聚区的建设。

对于东西两翼和粤北山区，由于其服务业发展比较滞后，还处于外延型数量扩张阶段。此时，资金对服务业发展的作用效果非常明显，因此要想方设法增加对这些地区服务业的投入。政府可根据情况适当安排一定数量的引导资金，扶持引导和聚集民间资本投入服务业；增加对这些地区的财政转移支付，增加省预算内投资对这些地区的扶持资金，大力支持这些地区公共基础设施、公共服务设施和服务体系的建设。

## （二）调整产业结构，转变经济增长方式

### 1．生态文明建设的产业结构优化

（1）生态文明建设的产业结构优化内涵。

传统的产业结构理论认为，产业结构优化过程就是通过相关产业政策调整影响产业结构变化的供给结构和需求结构，实现资源优化配置与再配置，来推进产业结构的合理化和高度化发展。结构优化的最终目标是要实现经济的快速增长，而不考虑环境与生态等因素。

生态文明建设视角下的产业结构优化与传统意义上的结构优化不同，它不仅强调经济（产业）量的增长与质的改进，更强调通过产业结构优化实现产业的持续、健康、有序发展以及经济、自然、社会的和谐共生，要求结构状态及变化趋势应符合生态文明理念，产业结构优化的方向应该促进生态文明建设、促进产业生态化转型、促进产业结构自组织能力与永续发展能力增强。生态文明建设的产业结构优化就是产业结构经过不断调整与革新，结构逐渐趋于合理化、高度化与高效化，促进产业结构自组织能力与可持续能力增强的过程。

（2）生态文明建设产业结构优化趋势。

①合理化。

产业结构合理化不是产业间的绝对平衡关系，而是产业间具有较强的

互补和谐关系以及相互转换能力，其核心内容是产业结构的协调。产业结构协调化是指合理配置产业间的经济要素，并使产业间具有相互促进、转换能力与和谐互补关系的有序运动。产业结构协调主要包括：产业间相对地位的协调，即产业结构要有明显的层次性与等级性；产业间关联关系的协调，即产业间在投入产出联系基础上要相互服务，相互促进，某一产业的发展通过产业关联可以促成其他产业建立与发展，而不是削弱其他产业的发展；产业部门增长速度的协调与均衡；产业间及各部门间的素质协调；产业链条的协调，包括产业链条内部以“链核”为中心的各环节间协调和产业链条之间的协调。产业结构的合理化还表现为产业结构的相对完整与独立，一个国家或者地区要建立完整而独立的产业体系，利用地域优势发展当地经济，发展战略性与先导性产业。

②高度化。

产业结构高度化，是指产业结构不断从低级向高级、由简单到复杂的动态演变过程。产业结构高度化必须符合生态文明的建设要求，具体包括以下几方面的内容：产业结构中的优势地位产业依次从第一产业转向第二、第三产业，从劳动密集型产业转向资本密集型和技术（知识）密集型产业；高附加值产业比重不断增加；产业高加工度化；产业结构软化，主要表现为经济服务化、对高新技术人才的高依赖化和产业多元化；产业的高信息化。产业结构高度化主要体现在产业对原材料和能源尤其是不可再生资源与能源的依赖程度下降，资源利用效率提高，产品技术含量增加，产业附加值增加，技术创新能力提高以及产业永续发展能力增强。

③高效化。

生态文明建设的产业结构优化目标是要实现经济、社会与环境的协调发展，实现经济效益、社会效益和生态效益的最大化。产业结构高效化就是要通过产业资源在不同产业之间以及各产业部门内部的高效配置，使低效率的产业部门在国民经济中的比重不断降低，高效部门的比重不断提高；通过技术改进与创新，提高资源的投入产出效率；以产业发展集约化。产业间协调效益最大化和各产业比重的合理变动为内容，实现产业结构整体效益的最大化、产业结构系统的效率最大化。产业结构高效化，要从各产业部门的不同特征分别加以分析：农业的高效化，就是要充分利用区域农业资源的比较优势，使农业结构向高效型、优质型和生态型转移，充分利用规模效应提高农业生产效率。工业高效化，就是要减少低效产业比重，以高效产业为先导产业和主导产业进行优先发展；产业集约化发展，即企业内部产业组织结构适度集中、产业内部专业化分工体系完善；产业间协调效益最大化，即产业或行业间信息传递、物质流通、能量利用、技术创新等系统完善、有序，产业高度关联，产业扩散效应较强；生态产出效率较高，即万元GDP资源、能源消耗较低，三废处理回收利用率或无害化处理率较高，资源再生水平较高，人均绿化面积（区域绿化覆盖率）较高。服务业的高效化，就是产业增值能力或吸纳劳动力的能力持续增强；比较劳动生产率不断增长，产业附加值率不断上升。

**2. 经济增长方式**

(1) 经济增长方式的类型。

经济增长方式存在多种类型，而经济学界从不同的角度对经济增长方式有不同的分类，主要有如下几种分法：

①从经济增长的效率来看，可分为粗放型和集约型。

粗放型增长主要是指依靠投入大量资金、劳动力、原材料和能源来支撑经济增长，其典型特征为“两高两低”，即“高投入、高消耗，低质量、低效益”，这种增长方式片面追求增长产值和增长速度，忽视增长的效益和代价。其经济增长主要依靠大量的要素投入和能源消耗支撑，往往会带来资源浪费、环境污染、增长缺乏可持续性等问题。集约式增长则主要依靠提高要素效率来增加产品的生产量，这种增长方式比较注重生产要素效率的提高，提高技术进步对经济增长的贡献率，表现为“一低两高”，即低消耗、高质量和高效益。

②从经济增长的路径来看，可分为外延型和内涵型。

马克思在分析社会资本的扩大再生产时，针对固定资本折旧费用于扩大再生产的使用问题指出，“如果生产场所扩大了，就是外延上扩大；如果生产资料效率提高了，就是在内涵上扩大”。据此，可将经济增长方式分为外延增长和内涵增长，外延型增长方式是指主要依靠生产要素投入的增长来获得经济增长，而内涵型增长方式是指主要依靠技术进步和生产效率的提高。但某些学者认为，这种分类与粗放型和集约型分类基本上可以等同，即：要素投入增长等于粗放型和外延型经济增长方式，而要素生产效率提高等同于集约型或内涵型经济增长方式。

③从经济增长源泉来分，可分为投入驱动型和效率驱动型。

这是西方经济增长理论较为普遍的分类方法。西方经济学中的经济增长理论把影响经济增长的因素分为两大类，要素投入的增加和要素生产率的提高。要素投入主要包括劳动和资本，而要素生产率的提高包括了人力资本、技术进步、规模经济、资源配置方式等。

总的来说，上面三种类型划分并没有本质的区别，主要是马克思社会主义政治经济学和西方经济学殊途同归的不同描述。鉴于我国对经济增长方式转变均主要描述为“从粗放型发展方式向集约型发展方式转变”，因而，本书所指的经济增长方式的转变主要是指从“粗放型增长方式”向“集约型增长方式”转变。

（2）经济增长方式的转变。

经济增长方式属于生产力的范畴，经济增长方式由粗放型向集约型的转变是生产力发展的结果，具有客观必然性，是经济规律运行的必然结果。

①资源的有限性是经济增长方式转变的客观原因。

经济增长表现为产出的增加，产出的实现和增加离不开各种各样的资源（包括人力、物力、财力、土地等）的消耗，而人类社会的资源总是有限的、稀缺的，特别是作为财富之母的土地资源更加有限，因而，资源的有限性是经济增长方式转变的客观原因。

②经济增长方式转变是节约规律的客观要求。

节约规律是贯穿人类社会经济生活各方面和各领域最普遍、最基本的规律。在经济学上，节约即节省劳动时间或提高劳动时间的利用效率。就社会经济而言，节约意味着物质资源和人力资源等生产要素利用率的提高。可以说节约是降低生产经营费用，提高劳动生产率和经济效率的别称。粗放增长尽管在一定的经济发展阶段上有其存在的必要性，但它和节约规律的要求毕竟是相悖的，节约规律从本质上要求提高资源的使用效率，实现经济增长方式由粗放型向集约型转变。

③经济增长方式转变是市场经济运行规律的必然结果。

市场经济是一种竞争经济。在激烈的竞争中，优胜劣汰规律自始至终发挥作用，并促使微观经济增长方式和宏观经济增长方式发生转变。从微观上讲，在市场竞争的作用下，企业为了生存和发展，必须不断地进行新产品的开发和研究，不断地进行技术创新。企业的这种创新推动着技术革命的进程，技术革命决定着经济增长的进程和质量。从宏观上讲，市场经济是一种开放经济，开放导致了经济生活的国际化。经济生活国际化，一方面加强了各国的相互联系和相互依存，另一方面又加剧了各国之间的竞争。而当今以及以后各国之间的经济竞争已不再是经济增长速度的较量，而是增长方式之比拼。粗放增长以投入大、效益低、质量差、浪费大为特点，这种经济增长是一种虚幻的经济增长。而集约增长具有投入少、成本低、质量高、效益好的特点，能在国际市场上获得较多的比较利益，在国际竞争中处于有利地位。由此可见，市场经济发挥作用，客观上要求经济增长方式由粗放型向集约型转变。

## 四、合理开发海洋资源，构建海洋安全格局

海洋是地球上最广阔的自然地理区域，蕴藏着巨大的海洋资源。我国是海洋大国，海洋为我国经济永续发展提供了广阔的空间和巨大的资源。改革开放以来，中国海洋经济取得了令人瞩目的成就，2010 年全国海洋生产总值 39572.2 亿元，占国内生产总值的 9.86%（《中国海洋统计年鉴》，2011），显然，海洋经济已逐渐成为国民经济新的增长点。沿海地区对海洋经济给予了越来越多的关注，不少地区已形成了海陆一体的经济发展思路，“蓝色产业带”的轮廓已经清晰可见。

广东省坐落在祖国大陆的最南边，毗邻港澳，面临南海，有着得天独厚的海洋资源条件、社会经济条件和社会科技资源基础。2011 年，广东省海域总面积为 41.9 万平方公里，海洋滩涂面积 20.4 万公顷，海岛面积 1592.7 平方公里，大陆海岸线长 4114.3 公里，岛屿岸线长 2428.7 公里，岛屿 1431 个（《广东省统计年鉴》，2012）。因此，广东海洋生态系统，是省生态系统的重要组成部分。合理开发海洋资源，保护海洋生态环境，是广东省生态文明建设的重要内容。

### （一）实施科技兴海战略，提高海洋资源开发能力

海洋资源指的是与海水水体及海底、海面本身有着直接关系的物质和能量。包括海水中生存的生物，溶解于海水中的化学元素，海水波浪、潮汐及海流所产生的能量、贮存的热量，滨海、大陆架及深海海底所蕴藏的矿产资源，以及海水所形成的压力差、浓度差等。广义的还包括海洋提供给人们生产、生活和娱乐的一切空间和设施。

广东省海洋空间广阔，海洋资源蕴藏量相当丰富，近年来海洋经济也

取得了迅猛的发展，然而由于受海洋科技与投入和研发水平的制约，其海洋资源开发能力仍有很大的提升空间。鉴于此，广东省近年来积极实施科教兴海战略，多层面加大对海洋科技研发的投入及人才培养，为全方位提升自身海洋资源开发能力提供了强有力的技术支持。

**1. 加强海洋科技人才培养**

海洋科技人才是海洋高新技术的载体，是开发与利用海洋资源开发与利用的建设者，是海洋事业发展的内在动力，决定着海洋产业结构优化的质量与效益，因此，加快海洋科技人才的培养具有十分重要的战略意义。《广东省十一五发展规划纲要》明确了海洋人才的培养主要途径，包括：①发展广东海洋大学，扩大各综合大学涉海院、系的建设，培养一批高素质、知识结构合理、综合素质高、具有创新意识的海洋水产科学及相关学科的技术和管理人才，使他们成为科技兴海的骨干力量；②发挥继续教育体系的作用，有计划地对海洋产业在职人员进行在职培训，培养出适应高新技术发展的复合型海洋科技人才；③顺应科技发展的国际化趋势，努力拓宽国际合作渠道，广泛参与国际合作研究项目，选派优秀科技人才到国外科研机构学习，培养国际化的海洋科技人才；④利用海洋信息系统平台的功能，引导劳动力市场，增加海洋从业人员，升级海洋从业人员的知识结构，从而保证海洋从业人员的连续性；⑤建立重实绩、重贡献，以业绩为取向的，有利于吸引人才、留住人才的人才激励机制，强化海洋人才开发基金保障，对取得重大科技发明和科技成果的杰出海洋人才给予高额奖励，并提供其他方面的优厚待遇。

**2. 积极发展高新海洋企业**

新时期科技兴海的内涵是海洋科技与经济结合的社会化系统工程，是技术创新、企业创新、市场创新、金融创新有机结合的经济活动过程。在市场竞争充分的情况下，广东进一步深化了政府职能体制改革，转变政府职能，促进海洋企业真正成为自主经营、自负盈亏、自我约束、自我发展的高新技术产业发展的主体。主要途径包括：①通过综合运用市场、行政、政策等手段，推动大中型海洋企业建立技术研发中心，建立风险投资基金和中小企业创新基金，为海洋中小企业的发展提供技术、人才、信息、市场等配套服务。②进一步健全服务体系。海洋高新技术发展需要一套健全的，包括教育、培训、信息情报、技术市场、政策、法律、鉴定、评估、仲裁等在内的社会服务体系作为支撑，随着海洋高新技术经济的不断发展，社会服务体系需要不断完善、更新。③倡导各类海洋企业与科研单位、高等学校联手，走产、学、研一体化的道路，发展海洋高新技术产业，加快科研成果转化为现实生产力的进程。④建立科技中介服务与社会支撑政策体系，主要包括政府部门行为的规范、技术市场和产权市场政策、创业服务中心、商会、行业协会等科技中介服务政策、公共信息平台和改善社会支撑政策等。

#### 3. 建立海洋高新技术示范基地

除着力培养海洋科技人才及发展海洋高新产业外，广东省同时发挥部分地区及部门的资源优势、技术优势、市场优势，致力于组织中央驻粤和广东省的科研单位、高等院校的科技人员，发挥多学科专业联合的优势，开展广东海洋资源开发、海洋环境保护的技术攻关及重大海洋科学项目研究，增加海洋科技成果储备，并在此基础之上，建立示范基地，增强海洋产业技术科研能力。基金来源以省财政专项资金为主体，用于海洋生物技术、海洋农牧化技术、海水综合利用技术及国家重点沿岸工程等高新技术的产业技术研究，提高科技成果产业化水平；同时也用于加强中国南方海洋科技创新基地、广东海洋与水产高科技园、南海海洋生物技术国家工程研究中心、广东省区域性水产试验中心和公共实验室等多种类型的海洋科技平台建设，完善海洋科技创新体系。例如，珠海海洋科学研究基地就是十分有益的尝试，为广东省生态农业和海洋经济发展提供了科技支撑，并在蔬菜、种子种苗、园林花卉、水产养殖、旅游农业等方面发挥示范作用。

### （二）积极发展海洋经济，推动海洋产业结构优化

海洋经济是人类开发利用海洋资源过程中的生产、经营、管理活动的总称。当今，世界各国把海洋开发及以海洋为基础的海洋经济发展作为国家发展战略，从而推动海洋经济进入持续调整发展阶段，海洋经济已成为世界各沿海国家经济增长与发展的重要因素。

广东省作为我国海洋经济大省，在海洋经济的发展及海洋产业结构优化方面均取得了瞩目的成就。

#### 1. 海洋生产总值增速加快，经济优势地位日渐强化

2009 年，广东省的海洋产业总产值是 6800 亿元，占全省地区生产总值的 17.2%，过去 5 年年均增长速度为 17.8%。而到了 2011 年，根据国

家海洋局公布的《2011 年中国海洋经济统计公报》提供的数据，广东省海洋生产总值已高达 9807 亿元，相比 3 年前增幅高达 44% 以上，占全国海洋生产总值达 21.5%，第 17 年居全国第一。而 2011 年广东海洋生产总值的同比增速也相比 3 年前进一步提升了，高达 18.28%，广东海洋经济在整个国民经济体系中的地位更是日渐强化，广东省海洋生产总值占广东地区生产总值的 18.6%。

**2. 海洋产业结构进一步优化，优势产业增长态势强劲**

“十一五”前，广东省海洋第一、二、三产业的比例为 19∶58∶23，2010 年底，该比例调整为 13∶32∶55，完成了海洋产业结构顺序从“一二三”的传统模式到“三二一”的现代海洋产业的高级模式的转变。初步形成了珠三角、粤东、粤西三大海洋经济区和广州、深圳、珠海、汕头、湛江 5 个增长快、外向度高、富有活力的海洋经济重点城市。

其中，海洋运输、海洋油气、滨海旅游等产业增长态势强劲；全省形成了以海洋交通运输、海洋渔业、滨海旅游和海洋油气为主体，海洋船舶制造、海洋电力、海洋生物制药等产业全面发展的新格局，进一步拓展了海洋经济的深度和广度。海洋、陆域经济相互渗透，一体化趋势明显，海陆联合开发确保了广东省经济的持续快速发展。珠江口地区大力发展海洋高科技产业和新兴海洋产业，已成为我国海洋经济发展最具活力和潜力的地区之一。

**3. 海洋科技投入加大，深度转型升级成效显著**

“十一五”期间，广东启动了国家南方海洋科技创新基地和广东省海洋与水产高科技园建设，建成了 7 个拥有海洋前沿技术的省级重点实验室和一批科技兴海基地，形成了一批具有自主知识产权的海洋科技创新成果，2005 年到 2010 年共有 111 项海洋科技项目获得省部级奖励，全省海洋科技的贡献率达到 50%。

珠海高栏港经济区外 300 公里的海域上，即将建成投产的荔湾 3－1 气田，是中国海域第一口深水探井，它及其周边气田的开发是我国实施深水天然气开发战略的首期项目，标志着中国海气开发从浅海到深海的跨越。

### （三）保护海洋生态环境，促进海洋经济永续发展

海洋经济发展是把双刃剑，若毫无规划、节制地开采海洋资源，采取

涸泽而渔开采方式，将会给海洋生态环境带来不可避免的严重损害，只顾快速发展海洋经济而忽视海洋资源和环境的保护，也将会导致海洋资源和环境受到不可逆转的破坏，剥夺未来人类开发利用海洋资源、享受海洋环境的权利。对此，广东省在加快海洋经济发展的同时，也致力于海洋生态环境的保护。

**1．稳步推进海洋环境监测工作，监测网络不断完善**

广东省近年来扎实开展海洋环境监测与评价，启动重点海域海洋环境容量研究。海洋环境监测工作稳步推进、监测不断完善：全省14个沿海市和部分重点县（区）已成立海洋环境监测业务机构，初步形成省、市、县三级海洋监测网络系统。在全省近岸共设立各类监测站590个，监测项目覆盖水文气象、水环境、沉积环境和海洋生态共96项，累计出海2000多个航次，共获得各类监测数据25万余组。同时，及时有效开展海洋环境灾害和突发事件应急监测，在日本核事故后在大亚湾和台湾浅滩海域开展了海洋生物放射性监测。在全国率先组织开展了珠江口、大亚湾等重点海湾环境容量和总量控制研究，为全国建立海洋环境容量和污染物总量控制制度建设进行了有益探索。

**2．加强海洋环境污染治理力度，水质改善效果显著**

近年来，广东省加强了海洋污染的防治，开展了重点海域环境污染容量评价和海洋功能区环境质量现状调查，逐步实行污染物排放总量和排放标准控制制度，严格执行排污许可制度，更对围海、填海项目制定了极其严格的管理制度。

经过一系列的努力，广东省海域污染整治工作取得了较为显著的成效。《2011年广东省海洋环境状况公报》显示，广东近岸水域劣四类水域的比例从2010年的8.5%下降到5.4%，整体情况继续改善。2011年，全省海洋环境质量总体保持基本稳定，局部海域得到改善。全省近岸海域达到《海水水质标准》第一类、第二类、第三类、第四类和劣于第四类的海域面积比例分别为76%、11%、5.9%、1.7%和5.4%，相比5年前有了明显改善。根据《2007年广东省海洋环境状况公报》显示，清洁、较清洁、轻度污染、中度污染和重度污染的比例分别为65%、10%、7%、3%、15%。对应之下，清洁用水占比足足提升了11个百分点，重度污染水域缩减了64%。

**3．积极开展生态建设与修复，确立了新的海洋环境保护方式**

近年来，广东省从强调污染防治、环境监管转为主动开展生态修复、人工鱼礁、海洋牧场以及保护区建设，着力保障海洋资源环境养护，保护区综合管护能力也不断提高，资源养护和生态修复成效显著。

广东省率先在全国启动了以人工鱼礁、海洋牧场、蓝色碳汇为主的海洋生态整治修复模式。2011 年举办水生生物休渔放生活动 140 多场次；全省新增国家级自然保护区 1 个，新建海上国家级水产种质资源保护区 1 个，国家级海洋公园 2 个，晋升市级自然保护区 2 个。“十一五”期间，全省已建海洋与渔业保护区 100 个，面积 65. 8 万公顷，保护区数量、种类和面积居全国首位。已建人工鱼礁区 40 个，礁区面积 23600 公顷。大规模水生生物资源增殖放流实现常态化。跟踪调查结果表明，人工鱼礁建设对修复和改善海洋生态环境，保护渔业资源、濒危物种和生物多样性都起到了重要作用。以珠海横琴、惠州考洲洋为示范的一批生态修复区也正在建设中。

**4. 实施海洋功能区划，推动科学化用海**

2013 年，广东省人民政府批复了《广东省海洋功能区划（2011—2020 年）》（以下简称《区划》），《区划》根据国家关于海洋功能区划的技术规划，将广东省区划范围内的海域划分为农渔业区、港口航运区、工业与城镇用海区、矿产与能源区、旅游休闲娱乐区、海洋保护区、特殊利用区、保留区等 8 个一级类功能区。

其中，农渔业区用于拓展农业发展空间和开发利用海洋生物资源，可供围垦、渔港和育苗场等渔业基础设施建设，海水增养殖和捕捞生产，以及重要渔业品种养护，它包括：农业围垦区、养殖区、增殖区、捕捞区、水产种质资源保护区、渔业基础设施区等二级类功能区；港口航运区用于开发利用港口航运资源，可供港口、航道和锚地建设，包括港口区、航道区、锚地区等二级类功能区；工业与城镇用海区适用于拓展工业与城镇发展空间，可供临海工业、工业园区和城镇建设，包括工业用海区和城镇用海区等二级类功能区；矿产与能源区适于开发利用矿产资源与海上能源，可供油气和固体矿产等勘探、开采作业，以及盐田、可再生能源开发利用等，包括油气区、固体矿产区、盐田区、可再生能源区等二级类功能区；旅游休闲娱乐区适于开发利用滨海和海上旅游资源，可供旅游景区开发和海上文体娱乐活动场所建设，包括风景旅游区、文体休闲娱乐区等二级类功能区；海洋保护区专供海洋资源、环境和生态保护，包括海洋自然保护区和海洋特别保护区等二级类功能区；特殊利用区供军事及其他特殊用途排他使用，包括军事区、其他特殊利用区等二级类功能区；保留区则是指为保留海域后备空间资源，专门划定的在区划期限内限制开发的海域。

通过《区划》的编制与实施，广东省明确了各功能分区主要用途，增加了不同地区海域使用的科学性与合理性，为保护海洋生态环境、发展绿色海洋经济、促进海陆经济的永续发展指明了方向。

# 第五章　促进资源节约　建设低碳广东

## 一、发展低碳产业，实现产业结构的低碳化

### （一）低碳产业

低碳经济的发展是当前循环经济发展的一个重要组成部分。低碳经济的发展必须有低碳产业的带动，低碳产业是低碳经济发展的支柱与核心。国内关于低碳产业研究主要出现在近几年，全面系统的研究相对缺乏。低碳产业的概念，在提出初期主要是立足在能源领域。随着研究的深入，低碳产业的概念开始涉及到低碳服务业，随着低碳产业越来越盛行，低碳农业、低碳服务业等概念也随之盛行。

### （二）低碳生产力的动力源

低碳经济的发展和低碳生产力的提高的动力源自于具有竞争优势的低碳产业、低碳产业链、低碳产业集群以及（虚拟）生态产业园等竞争形态。经济发展方式转变和产业结构低碳化调整都依赖于低碳产业多种竞争形态蓬勃发展。

#### 1. 低碳产业链

产业链是各个产业部门之间基于一定的技术经济联系，并依据特定的逻辑和时空布局关系形成的链条式关联形态。产业链产生于上下游企业之间的联系，上游企业向下游企业输送中间产品和服务，形成功能完善、服务健全的支撑链。这种联系源自专业化分工，分工使得处于不同环节的企业因为对产业链的整体责任而发生联系。

低碳产业链就是在产业链涉及的所有环节推行低碳运行，从研发设计、原材料供应到制造，从包装到运输，从产品到售后服务，都以严格的低碳标准要求相关企业，生产低碳产品，打造产业链整体的绿色竞争力，低碳产业链是低碳产业集群的生命力。

2010年初，作为高效节能空调领军企业的海尔率先发起全球低碳行动，以“双百方针”（即定频空调100%一级能效、变频空调100%无氟）为指导，主导组建了全球首条“无氟变频空调低碳产业链”。首批加盟成员共八家，均是拥有全球顶级研发能力的供应商，包括三菱、霍尼韦尔、金龙、三花、菱电、松下、台达、瑞萨等。这一全球性产业链彻底颠覆了传统供需模式，代之以用户需求为起点、即需即供的模块化新模式，将全面加速普及无氟变频空调，为全球用户提供舒适空气最佳解决方案。海尔空调的这一举动不仅是助力全人类、全球实现低碳经济发展的一次伟大创举，标志着中国企业成功向低碳经济进军的开始，更将为国内企业发展低碳经济起到良好的示范作用。

**2. 低碳产业集群**

通过低碳产业发展的研究可以发现，低碳产业的发展必须走低碳产业集聚发展的道路。由于集群不仅能够降低交易成本、提高效率，而且能够改进激励的方式，创造出专业化制度、名声等集体财富，更重要的是，集群能够改善创新的条件，加速生产效率的提升，同时也是获取竞争优势的关键。因此，低碳产业集群是低碳经济时代产业集群发展的方向，也是低碳产业迅速壮大的有效途径。

低碳产业集群是指低碳产业及其相关和支持性产业在一定区域内的聚集现象。相关产业是指与低碳产业因共用技术、共享营销渠道和服务而联系在一起的产业或具有互补性的产业；支持性产业主要是指为低碳产业提供劳动力、原材料、零部件和机械设备、检测、研发等支持性产业。

围绕低碳产业的企业群能否形成分工协作的低碳产业链，实现产业链上的企业主体之间的纵向合作与横向联系的密集网络是低碳产业集群能否形成、延续和繁荣的关键。

目前世界各国普遍采用产业集聚的规模化发展模式，以带动本国或者本地区产业的发展。在我国，当前各省各城市都采用以集聚发展的方式来发展本地低碳产业，并且都希望本地的做法能起到示范作用。

广东省中山市的传统产业集群发育较为充分，基本上形成了各镇区“一镇一品”的产业集群特色，如沙溪休闲服、古镇灯饰、大涌红木家具、东风家电、南朗健康科技产业、黄圃食品加工等等，而中山市的低碳产业集聚处于从起步进入快速发展阶段。《中山市新能源产业发展规划（2010—2020年）》提出了发展低碳产业集聚的明确目标和思路，逐步形成以 LED 照明产业、新能源动力汽车制造、太阳能设备制造、生物质能设备制造、风电设备制造等为特色的低碳产业集聚区。然而目前，中山市产业集群的低碳特征尚不明显，仍处于全球价值链的底端。因此，应充分利用现有产业基础，打造中山市低碳产业集聚亮点，大力促进低碳技术和低碳理念在这些传统产业领域的扩散，促使其向低碳型产业技术升级。如在灯饰集群产业中促进 LED 照明技术的应用和开发，在家电产业中促进节能减排技术的使用和提升，在休闲服装产业中融入低碳潮流的设计理念，在食品加工业中广泛使用低碳型包装材料和包装技术等。

### 3. 生态产业园

生态产业园是生态文明建设在产业集中区的具体体现，是产业生态学的一种具体实践方式。生态产业园通过模拟自然系统建立产业系统中“生产者—消费者—分解者”的循环途径，实现物质闭路循环和能量多级利用，达到经济与环境“双赢”的目的。这一概念最早是由美国 Indigo 发展研究所的 Ernest Lowe 教授提出的。按照产业共生网络的运作机制及管理模式可以将生态产业园区分为依托共生型、平等共生型、嵌套共生型及虚拟共生等四个类型。按照主导产业的类型，环保部将园区划分为综合型、行业型及静脉型三个类别。

传统的工业园区强调地域的概念，而由于土地的限制，许多工业园区都面临着由于产业共生网络扩张而导致的系统边界外延问题，因此，突破地域限制，强调在更大的空间上构建基于共生网络的虚拟园区越来越受到重视。美国得克萨斯州的布朗斯维尔生态工业园和北卡罗莱纳州三角研究园是目前世界上虚拟型生态工业园区建设的典型案例。它们主要是通过建立模型和数据库，为潜在的可能通过废弃物综合利用或资源共享而相互联系起来的各类型企业提供一个合作平台。

## （三）广东高碳产业低碳发展

21 世纪后工业化进程的加速，气候变化和全球变暖等问题日益突现，广东作为我国第一制造业大省，经济总量连续 20 年稳居全国之首，创造了制造业的奇迹。尤其是珠三角一带的制造优势，形成了以广州、深圳、佛山为核心的珠三角制造业产业群。正是因为有这样的一个产业基础，而且广东确实有很多地方是经济发展的排头兵，但同时在低碳经济洪流中，广东的发展面临巨大的压力和挑战：能源、原材料以及环境污染已成为制约经济发展的瓶颈。广东地处改革开放的前沿，较早地感受到资源环境的压力，使得广东经济全面向低碳经济转型成了大势所趋。

广东先后组织了“珠江三角洲环境保护专项规划”、“广东九大产业群发展规划”、“广东省能源中长期发展规划”以及“广东省国民经济社会发展‘十一五’规划”等的研究，开展了建设节约型社会、发展循环经济及节能减排等系列行动。

适应这一战略定位，广东围绕“三促进一保持”的目标，通过“双转移”调整产业结构，转变经济增长方式，取得了良好的效果。传统劳动密集型产业积极升级或转移异地，资本密集产业和高新技术产业已成为引领经济增长的动力。如佛山通过引入阿里巴巴、e－Bey、环球资源等电子商务大鳄，将信息化与工业化融合，形成了劳动密集型与技术密集型相结合的转型。

## 二、应用低碳技术，促进城市节能减碳工作

### （一）低碳技术分类

低碳技术是针对实现低碳发展目标所采取的技术，指在一切人类活动中所有能降低碳排放量的技术、产品或工艺流程。按减少碳排放量的方式分为减碳技术、固碳技术和用碳技术。

减碳技术是指与传统高碳技术相比，在生产和消费过程中通过使用这种技术提高能源利用率或优化能源结构，从而达到使碳排放量减少的技术。其特征在于，在生产过程中通过提高能源利用率，优先使用清洁能源，能源循环使用的方式，使单位 GDP 产生碳排放量（碳强度）减少，如热电联产技术、清洁燃煤技术系统等；在消费过程中，如智能电网技术，通过量测、通信、信息管理、调度、电力电子和分布式能源接入等智能电网技术来适时地获取信息，且优先使用风电和太阳能发电，来减少碳的排放量。目前智能电网研究较为成熟的主要是美国，而我国的数字化电网建设也形成了智能电网的雏形，包括信息化平台、调度自动化系统、稳定控制系统、柔性交流输电等，对减碳也起到了一定的作用。

固碳技术是指通过植树造林或者用物理、化学和生物等方式来固定已产生的碳的技术，也被称为碳捕获与封存（CCS）技术。由于物理和化学

固碳成本较高，生物固碳法在地球上是较为有效的固碳方式。生物固碳法，主要包括植树造林和微藻减排技术。其中微藻减排技术较为环保、经济，具有发展空间。微藻具有光合速率高、繁殖快、环境适应性强、处理效率高、可调控以及易与其他工程技术集成等优点，且可获得高效、立体、高密度的培养技术，同时固碳后产生大量的藻体具有很好的利用价值。虽然微藻减排技术在我国运用还不成熟，但是也有了一些初步成就。我国大连化学物理研究所可以利用电厂所排放的二氧化碳、余热、废水以及城镇污水等对微藻进行培养，从而为海水养殖提供微藻饵料；武汉钢铁焦化公司建立了一套以太阳光为光源，以焦炉加热室的烟道气为二氧化碳源，利用微藻在气升式光生物反应器中高效转化的微藻固碳工艺。

用碳技术是指将生产过程中排放出来的碳作为原料，加以资源化利用，从而减少碳排放量的技术，主要运用于绿色化学，如将所排放的二氧化碳用于生产尿素等。但是由于二氧化碳的活性太低，收集利用的工艺耗能太高，迄今用碳技术方面消耗的碳仅仅是碳排放量的一小部分。我国在固碳和用碳方面的技术还不成熟，运用较少。

### （二）城市地铁中的低碳技术

大规模的城市轨道交通建设和运营对能源的需求和消耗是巨大的，因此，低碳技术在轨道交通行业的应用与创新就显得尤为重要。广东城市地铁在规划、设计、建设的整个过程中，树立了“以人为本，环境友好，可持续发展”的理念，在列车车辆、工程车辆、车站空调和通风、电扶梯、车站屏蔽门、车站及区间照明等系统中广泛采用了低碳技术，促进了城市节能减碳工作。

为了有效节约能源，广东城市地铁的列车采用了大断面铝合金焊接技术，使车体轻量化成为现实；采用了世界上最先进的交流传动技术，具有再生制动能力，列车再生制动反馈的能量大部分被供电电网吸收。

对于地铁列车的空调系统，除选用能效高的机组外，还对其控制系统进行优化，采用智能化控制。空调系统能够根据列车载客量、室内外温度等自动调节新风门和制冷量，达到舒适、节能的目的。

对于地铁列车的照明系统，在列车车辆上采用了高亮度 LED 作为客室照明的主光源，使整个照明功耗降为普通照明装置的 60%，节能效果显著，而且还有使用寿命长、维护工作量低的优势。

列车上所有零部件采用低烟、低毒和阻燃技术，不仅正常乘坐时环境宜人，而且在发生火灾时也能最大限度地减少对乘客及环境的影响。地铁列车的内墙板采用陶瓷喷涂的铝板整体成型技术，涂料为无机物，不燃无毒，不仅耐磨性、防火性能大大提高，而且能重复利用和回收，也减少了废弃物对环境的负担。

此外，广东城市地铁还利用列车自动控制系统，通过编制合理的列车运行图，优化列车运营组织，尽最大可能使列车运营处于节能状态。

### （三）广东陶瓷探索低碳技术

广东陶瓷经过近30年的快速发展，取得了令人瞩目的骄人成绩，成为全球最大的建筑卫生陶瓷生产基地和配套基地，成为全国最大的陶瓷生产、研发、贸易、信息、人才中心。发展形成了较为完整的系列化产品体系，特别是我省的抛光砖和陶瓷板材等产品，处于世界领先水平。“广东陶瓷”在国内市场中既是区域品牌，也是高档、优质陶瓷的代名词，在市场具有较强的品牌影响力。2010年我省建筑陶瓷产量为21.4亿平方米，继续保持全国第一，出口金额27亿美元，占全国的70%；日用、艺术陶瓷的产量、出口额等多年占据全国第一。

然而，在一串串惊人的数字背后，佛山陶瓷企业正经受着高能耗、高物耗和高污染这新“三座大山”的严峻考验。我省陶瓷生产消耗巨大，每年能耗消耗超过1600万吨标煤，原材料消耗6000万吨以上，产生了比较难处理的抛光砖废渣超过400万吨。陶瓷生产对能源、资源的巨大消耗和环境的影响，严重制约了陶瓷产业的发展。

为保住广东陶瓷的优势产业，继续提升陶瓷区域品牌，实现经济的可持续发展，广东积极地开展清洁生产工作，并已走在全国的前列。同时，广东省一直积极地探索一系列低碳技术，通过技术提升带动产业绿色升级。以广东省重大专项“佛山陶瓷行业窑炉节能减排技术与示范”项目为例，该项目的窑炉燃烧方案的改造以及余热回收利用、烟尘处理技术完成后，将帮助企业实现减少30%的二氧化硫及粉尘等有害气体的排放；减少80%固体废弃物的排放。2006年佛山陶瓷行业排放二氧化硫1.89万吨，占全市排放总量的13%。如果利用微波废气处理设备后，按50%的处理能力计算，每年全市可减排1万吨。该项目技术从能源与环保方面解决陶瓷产业面临的困境，有利于作为支柱产业之一的佛山陶瓷产业的良性、可持续的发展，向低碳发展方向转身。

## 三、推广低碳建筑，减少城市建筑能耗碳耗

### （一）低碳建筑

低碳建筑的概念是近几年提出的，在国内外还没有达成统一认识。在建筑领域，对低碳建筑比较清晰的定义为：指在满足人类对居住舒适性要求的前提下，在建筑材料与设备制造、施工建造和建筑物使用的整个生命周期内（物料生产、建筑规划、设计、施工、运营维护及拆除、回用过程），减少化石能源的使用，提高能效，降低二氧化碳的排放量的建筑。由此，低碳建筑可以简单定义为“实现少量二氧化碳排放的建筑”。英国建筑研究院给出了低碳住宅的基准指标——每年每平方米排放 160kg 二氧化碳，甚至给出了低碳的极致情况“零碳屋”的具体指标——每年每平方米排放 -10kg，这是从使用过程能耗的角度给出的参考值，对建筑低碳量化具有重要的标志性意义。

### （二）低碳建筑风采

#### 1. 英国“贝丁顿生态村”

“贝丁顿生态村”位于伦敦南部萨顿区贝丁顿地区，是英国第一个，也是最大的零碳生态社区。生态村于 2000 年动工，2002 年建成。建筑师比尔·邓斯特的设计理念是希望建造一个“零化石能耗发展社区”，即整个小区只使用可再生资源产生满足居民生活所需的能源，不向大气释放二氧化碳。目前该项目已经成为“全球生态村”的典范。它在“把握好环境界限的同时不降低生活质量”方面积累了很多成功经验。

为了减少采暖对能源的消耗，设计师精心选择建筑材料并巧妙地循环使用热能，基本实现了“零采暖”。生态村的所有住宅都朝南，最大限度地从太阳光中吸收热量。每家每户都有一个玻璃阳光房，玻璃材料都是双层低辐射真空玻璃。夏天将阳光房的玻璃打开后就成为敞开式阳台，有利于散热，冬天关闭阳光房的玻璃可以充分保存从阳光中吸收的热量。此外，所有的办公室都朝北，这样可以避免办公室各种办公设备除了本身使用时产生的热量之外，再额外吸收阳光导致过热，另外还可以避免阳光直

射电脑屏幕对人的眼睛产生不良影响。办公室的玻璃材料为三层真空玻璃，可以最大限度地保存热量。

住宅的墙壁是用导热材料建造的。这种导热材料在天热的时候储存能量，在天凉的时候释放热量。整个墙壁共分三层，外面的两层分别是150毫米厚的混凝土空心气块和150毫米厚的石砖，中间夹着一块300毫米厚的岩棉。据介绍，混凝土空心气块和石砖都具有高蓄热这一性能，它能把室内热量储存起来，保证室内温度不会有太大波动，再加上建筑门窗的气密性设计和混凝土结构，能够减缓热量散失的速度，具有良好的保温功能。同时，这些材料的绝热性还能够将居民做饭等日常活动所产生的热量保存起来，用于给房间加热。通过以上这些措施，居民家里不必再安装暖气，整个生态村也没有安装中央供暖系统。

生态村除了安装自来水管道外，还将雨水利用了起来，从而减少了自来水的使用量。比如，各家各户的马桶都是通过使用从屋顶收集的雨水来冲洗的。每栋房子的地下都安装有大型蓄水池，雨水通过过滤管道流到蓄水池后被储存起来。蓄水池与每家厕所相连，居民都是用储存的雨水冲洗马桶。冲洗后的废水经过生化处理后一部分用来灌溉生态村里的植物和草地，一部分重新流入蓄水池中，继续作为冲洗用水。此外，每户还安装了不少的节水装置，比如，生态村的节水喷头、节水龙头、双冲马桶等。

**2. 丹麦“太阳风社区”**

丹麦Beder的太阳风社区，共计30户居民，竣工于1980年。公共住宅的设计和可再生能源的利用是该社区最大的特点。公共住宅是指为了节约空间、能源、资源而在社区内建设共用健身房、洗衣房、办公区、休闲区的住宅或公寓。社区的名称“太阳风”就映衬了社区以太阳、风作为主要能源形式的特点，强调尽量使用可再生能源和新能源，降低能耗和节约能源，采用主动式太阳能体系。社区内大约建设有600$m^2$的太阳板，位置主要建设在公共用屋和住宅上。公共用屋的屋顶呈45度，是该地区收集太阳能的最佳角度，在公共用屋的地下建设了两个容量为75$m^2$的聚热箱。被加热的液体通过地下管道进入取热箱，然后热量再以热水和辐射热的形式通过地下管道进入居民住宅。社区30%的能量需求都是由太阳能提供的。在离社区约2公里的山坡上还建设了22米高的风塔以获取风能，风能占该社区能量总需求的10%左右。在公共用屋的地下室还设置了一个固体废弃物焚化炉，在室外温度低于华氏23度时集中为居民供热。社区为加强区内的物质循环，特地在社区内开辟了一块菜园，这样既增加了自然景观的生产性，又减少对外界资源的依赖，同时减少了运输能耗。这种模式在能源使用过程中还强调节能降耗，最大限度保持社区的优美环境和减少温室气体的排放。

**3. 申城“印象钢谷”**

“印象钢谷”位于上海宝山工业园区核心地块，是一个占地600亩的别墅式办公园区。它于2005年10月开始兴建，2007年竣工。作为申城首个低碳办公示范区，“印象钢谷”倡导绿色生活前沿新科技——低碳建筑。“印象钢谷”的墙面选择素混凝土，节省了一次性瓷砖贴面、花岗岩大理石和粉刷层，避免了开采石材时对大自然造成的人为破坏。“印象钢谷”的主要建筑材料为具有很高再循环性的钢材，且在宝钢就地取材节省了运输所产生的碳排放。“印象钢谷”大面积采用玻璃元素，既增加了建筑的室内自然采光，节约能源，又增加建筑本身的通透灵动感，坐收室外绿化景观。“印象钢谷”的车库，是值得一提的减碳建筑样板区之一。车库的地面被抬升了2米，自然形成了一个半地下式的车库，从而产生了垂直方向双层绿地，营造出不同的组团景观。而采用半地下形式车库，使8088平方米的车库减少了钢材与混凝土的用量，最大程度地实现了“低碳建筑”吸收和减少二氧化碳排放的要求。

**4. 深圳“万科0house”**

2005年，万科集合了国内外几十家专业公司和机构的力量，其中包括英国零能耗工厂，共同完成了这所基于南方气候环境的节能、环保、零能耗、零碳排放的智能住宅。迄今为止，这栋面积400平方米的万科0house已经成为了中国唯一实现零碳排放的生态住宅。

在0house整体设计中，多种节能手段的应用，也让0house需要的电力大大减少。比如，在0house屋顶安装了80平方米的光伏电板来为整栋房屋提供电力，甚至包括一辆展示用的电动汽车的用电。据估算，要达到同样的节能要求，普通住宅安装光伏电板的面积至少要增加2～3倍。首先，0house外墙采用的保温材料共有外保温、中间保温、内保温三种材料，屋顶则采用了绿色保温板，并布置了植被，窗户采用断热Low－E隔热玻璃这些主体材料的使用，使得主体节能率保持在62.06%到64.42%之间。

深圳万科城零能耗住宅是我国发达地区从实验性角度对低碳建筑的探索，即所谓“深绿”建筑。但从普及推广角度来说，仅部分采用低能耗技术的“浅绿”建筑无疑将能更加迅速地、在更大范围内走入市场。

## 四、打造低碳交通，倡导城市绿色低碳出行

### （一）低碳交通

城市交通是城市能源消耗和碳排放量的大户，约占城市总量的30%左右，打造城市绿色交通可以大幅降低城市的碳排放总量，有效提高城市交通运作的效率。不同的交通工具行驶过程中产生的碳排放量也是不同的，私家车的平均碳排放是最高的，而步行则为零碳出行。近年来，私家车增长速度惊人，成品油（汽油）的消耗量也快速增长，汽油的碳排放因子为2.3，而私家车百公里平均油耗约为9.5升，足可见其碳排放量之大。

低碳交通这一概念最早源于丹麦哥本哈根会议。目前各国对于低碳交通的概念莫衷一是，并且由于发展水平、国家立场、评价衡量标准的差异性，低碳交通没有统一的执行准绳。综合所有的低碳交通概念的相关界定，低碳交通是一种具有低排放、低能耗、低污染特征的新型交通发展模式。它特别强调要显著减少温室气体排放量，其核心在于在交通运输业这一国民经济的命脉产业，优化能源利用结构和交通运营效率。目的是尽可能地降低公共交通基础设施对化石能源等高碳能源的高强度消耗，从而缓解发展中资源、能源、环境的矛盾，实现交通领域的可持续发展。

低碳交通需要顶层设计。低碳交通并不等同绿色交通，绿色交通更强调“绿色”的交通发展方式，要求减少交通发展的污染程度，因此绿色交通更加偏重通过技术的支撑降低环境污染，同时满足人们的交通需求。低碳交通则需要从城市规划、技术创新、政策支撑和法律法规规范化管理等多方面进行“体系化”建设，从而达到减排减碳的目的。由此，我们可以从以下四方面理解低碳交通的内涵：

（1）发展城市低碳交通并不是探索一种新型交通方式，而是转变发展的低碳理念。发展低碳交通需要改变粗放型的能源使用模式，应该通过发展新型能源及使用方式改变靠能源投入满足交通发展需求，从而提高利用能源的效率；同时改变单一的石油消耗格局，大力发展清洁能源交通工具，优化交通运营用能结构；此外在城市规划涉及方面更合理布局区域功能，部分区域的单一性功能是造成交通压力的源头；引导公民采取合理的

方式出行并大力提倡低碳出行方式。通过综合性措施在扩大运能的同时减少碳排放量，满足城市居民日益增加的交通运输需求。

（2）城市的低碳交通是一项需要高度的顶层设计的综合性工程。城市规划、基础设施建设与运营、交通运输、城市交通工具研发与使用、城市交通政策、技术支撑能力等都需要将低碳的理念贯穿其中，才能实现整个交通领域的全产业链低碳发展模式。

（3）低碳交通体系建设是城市可持续发展的必然选择，但要同经济社会的发展水平相协调。由于收入水平的增高，城市居民对于“以车代步”的机动化出行方式需求迅速增长。经济发展对于能源、汽车等支柱性产业依赖性高，因此，城市发展短时间内无法改变能源消耗、土地资源等高投入，高消耗的格局。现阶段应因地制宜，加大节能减排力度，在保持经济发展活力的基础上逐步转变交通发展方式。

（4）低碳交通需要公民的广泛参与。政府一方面在城市交通基础设施建设上秉承“公交优先”的理念，一方面应大力倡导居民选择低能耗的交通出行习惯，使低碳理念深入人心。毕竟低碳交通的主体仍然是公民本身。

## （二）绿道

### 1. 绿道概念与内涵

世界上第一条真正意义上的绿道始建于 1867 年，是 Frederick Law Olmsted 设计的美国波士顿公园绿道系统。经过一个多世纪的理论探索与建设实践，绿道的规划建设逐渐成熟和完善，已成为美国、英国、法国、新加坡等发达国家解决经济发展、生态环保问题和提高居民生活质量的重要手段。

早期绿道的概念是指呈廊道状私有和公有的娱乐用地和水域，能让人们方便地从生活居住区域通往开敞空间，或者将城市和农村紧密联系起来的通道。查理斯·莱托的经典著作《美国的绿道》这样定义：绿道是连接公园、自然保护地、名胜区、历史古迹等与高密度聚居区之间的开敞空间纽带。它可能沿着河滨、溪谷、山脊线等自然走廊，或是沿着用作游憩活动的废弃铁路线、沟渠、风景道路等人工走廊。意大利绿道协会认为，绿道是限制机动车进入环境友好的通道系统，其将城市和广大农村地区的风景资源与人们生活活动中心连接起来。

《珠江三角洲绿道网总体规划纲要》对绿道的定义是：一种线形绿色开敞空间，通常沿着河滨、溪谷、山脊、风景道路等自然和人工廊道建立，内设可供行人和骑车者进入的景观游憩线路，连接主要的公园、自然保护区、风景名胜区、历史古迹和城乡居住区等，有利于更好地保护和利用自然、历史文化资源，并为城乡居民提供更充足的游憩和交往空间，并按其区域特色和技术标准分为：生态型区域绿道、郊野型区域绿道和都市型区域绿道三类。绿道建设能带来如下益处：一是提倡以自行车为代表的绿色出行，有助于减少使用汽车，缓解空气污染问题。二是统一规划绿道建设，提倡绿色出行，也是改善人居环境的一个重要措施。三是推广绿道建设，有利于带动包括旅游业在内的相关产业发展。四是统一规划建设绿道，不仅绿色环保，还能拉动内需。五是推广绿道文化，有助于推动精神文明建设。

绿道的建设，是一项集绿色、生态、社会和经济于一体的系统工程，是统筹城乡发展，促进区域协调发展，提高和改善乡村经济条件，加快转变经济发展方式，实现城市可持续发展，推进生态文明和宜居城乡建设的创新之举。

**2. 广东绿道建设**

随着城镇化的快速发展，珠三角各城市面貌发生了巨大的变化，但与此同时，珠三角地区也遇到可持续发展的瓶颈，如城市发展模式比较粗放，资源环境约束日趋强化等问题。基于破解珠三角面临的发展难题，并适应珠三角发展阶段和转变发展方式的要求，结合多年研究珠三角城市群协调和可持续发展、划定珠三角区域绿地并指导珠三角各城市发展和规划建设的实践，在广泛调研和借鉴国外绿道建设先进经验的基础上，2009 年 8 月，广东省建设厅联合省委政研室向省委、省政府提交了《关于借鉴国外经验，率先建设珠三角绿道网的建议》。该建议得到广东省委省政府的高度重视和肯定。2010 年 1 月，在广东省委十届六次全会上，省领导专门就绿道建设工作进行了动员部署，并要求将规划建设珠三角绿道网作为区域绿地划定工作的突破口，先行开展。此后，广东省委办公厅、省府办公厅印发了《关于开展珠三角绿道网规划建设的工作意见》，由此吹响了珠三角绿道网规划建设的号角。

广东省委十届六次全会第四次全体会议提出，从 2010 年起，广东将用 3 年左右时间，在珠三角地区率先建成总长约 1690 公里的 6 条区域。构成珠三角绿道网的主体框架，将绿道打造成为广东省的“标志工程”。2012年后，引导珠三角绿道网向省内东西北地区延伸。力争“一年基本建成，两年全部到位，三年成熟完善”，将珠三角绿道网打造成为全省乃至全国的标志性工程。

与此同时，在绿道网建设的过程中，广东省政府还组织印发了《广东省绿道控制区划定与管制工作指引》、《广东省省立绿道建设指引》、《广东省城市绿道规划设计指引》等系列指引，以及《关于切实加强珠三角绿道网管理维护工作的通知》等文件，为指导各个城市开展绿道网建设提供了有力的政策支撑和技术指导。另外，有关主管部门还组织开展了《珠江三角洲绿道网总体规划》和《广东省绿道网建设总体规划（2011—2015年)》的编制工作，确保了珠三角地区绿道网的如期建设完成，并向环珠三角外围地区延伸。

在绿道的发展和建设中，广东省先行先试。至2010年底，实际建成绿道2372公里，其中利用原有道路改建530. 5公里，新建1841. 5公里。至2011年底，省立绿道累计建成驿站345个，设施标识站18697个，沿线新增绿化2735公里，建设完全设施2248个，环卫设施9006个，停车场303个，自行车租赁点373个，基本完成第二阶段目标，正全面进入“三年成熟完善”的第三阶段。

通过绿道网的建设，《珠江三角洲绿道网总体规划纲要》中确定的18个城市之间的城际交界面全部实现了省立绿道的互联互通。在省立绿道沿线上，共新增绿化1572公里，确保了绿道先“绿”起来，并与城市公园建设、风景区建设、沿路绿化、沿河绿化等有机结合，充分突出体现了绿道网“绿”的内涵。在设施配建上，珠三角绿道网省立绿道上，全线启用设立了统一的绿道网标识系统，既简洁鲜明，又实用美观。同时建成了

图5－1　广东绿道标识

345个驿站和休息点，初步配建了停车场、自行车租赁、卫生、餐饮、安保等服务设施。在功能开发上，各市结合本地绿道特点，深入挖掘绿道网的功能和特色等内涵，举办和开展了多种活动，社会反响强烈。如广州通过旅行社推出了绿道游精品线路，并将旅游线路纳入广州亚运旅游项目予以推广；深圳通过开展“迎大运、行绿道”活动，达到了宣传“绿道让生活更美好”主题的目的；惠州博罗县成功举办了“青山绿水”绿道的启动仪式和迎省运“千人骑迹”等赛事活动，为当地的经济发展注入了新的活力。

珠三角绿道网建设不仅为都市“慢生活”的选择提供了场所，给城市居民生活增添了绿色郊野休闲游的广大活动空间，也为城乡地区的社会和经济发展提供了平台，给珠三角地区带来了显著的社会、经济、生态效益。

图5-2 广东省绿道网建设总体规划图

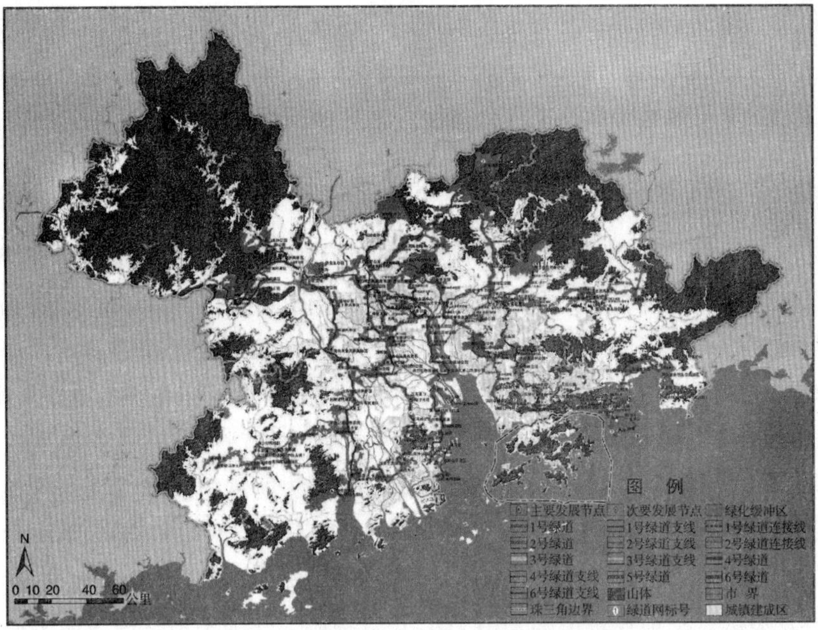


图 5－3　珠江三角洲绿道网总体规划图

## （三）TOD 模式

### 1. TOD 的定义

随着我国经济的持续高速发展，城市化进程不断加快，郊区化和机动化趋势也在不断增强，城市空间的增长出现较为混乱的局面，特别是大城市蔓延、土地利用效率低下、交通拥堵、环境污染等问题逐渐浮现。因此，如何使土地开发利用与交通系统形成良性互动，实现城市经济、社会、环境之间的和谐发展，成为人们关注的焦点。

TOD（Transit－Oriented Development）是以公共交通为导向的土地利用发展模式。这个最早由彼德·卡尔索普所提倡的区域规划的观点，是为了解决二战后美国城市以小汽车为发展导向所导致的城市无序蔓延、交通拥堵、环境污染、住区品质被破坏等一系列问题，而采取的一种以公共交通为中枢、综合发展的步行化城区理念。其中的公共交通主要是指地铁、轻轨等轨道交通及巴士干线，然后以公交站点为中心、以 400～800 米（5～10 分钟步行路程）为半径建立中心广场或城市中心，其特点在于集工作、商业、文化、教育、居住等为一身的“混合用途”，使居民在不排斥小汽车的同时能方便地选用公交、自行车、步行等多种出行方式。城市重建地块、填充地块和新开发土地均可用来建造TOD。实施TOD策略能够增加土地可达性和机动性，降低居民对小汽车交通的依赖性，促进土地利用和交通投资的效益协调，减少公交服务地区的交通拥挤，改善空气质量。

**2. TOD的应用案例**

(1) 美国。

从区域性的大范围规划到小规模的扩建计划，从旧有建成区的更新到郊区新市镇的开发，从大众运输系统的廊道到车站地区，TOD的规划概念在美国已有相当广泛的应用。美国柏克莱大学在2002年的研究显示，全美国有多达137个大众运输导向开发的个案已完成开发、正在开发或规划中。

在区域性的大范围规划方面，波特兰、萨克拉门托与圣地亚哥是主要的代表个案。波特兰由区域性政府依据正式立法通过的区域性规划与都市发展界线纳入TOD的发展模式。萨克拉门托以制定TOD指导纲要作为执行更新综合计划的工具，并以区域性的轻轨系统来确定新开发区、扩建区及再发展区。圣地亚哥市则采用TOD设计原则，作为土地整理与城市形式计划的重要成分。

在旧有建成区的更新方面，加州圣荷西的杰克森·泰勒与萨克拉门托的首都河公园都是典型的个案。杰克森·泰勒结合货运轨道路权转变为轻轨捷运、区域通勤服务的延伸，将原有低密度的工业区改造为一个包括商业零售、办公、中高密度住宅的多用途邻里社区。首都河公园则是利用基地一侧正在发展的公共交通运输系统的机会，将市中心内旧有的工业区转化为多用途使用的都市新活力核心。而一般城市商业中心或建成区的TOD案例多与当地都市再发展局面密切配合，通过植入性计划引入适当活力，以维持或复苏商业中心的繁荣。

在新市镇的开发方面，位于加州佩莱斯郡的佩莱斯村及佛罗里达州坦帕市的莱星顿公园可算是典型的个案。佩莱斯村是一个位于萨克拉门托中心区不远的新市镇，以轻轨系统与市中心区连接，佩莱斯村的建设缓解了区域内其他社区的发展压力，同时也缓解了区域性交通阻塞的问题。莱星顿公园则位于规划中的通勤铁路上，包括5个村落，各个村落利用接驳巴士互相连接并通往通勤铁路，是一个有潜力发展为居住与工作平衡的新市镇。

在大众运输系统的廊道方面，目前在美国已有21个都市区采用以轨道交通为主的TOD发展模式，较为著名的有加州旧金山的湾区地铁系统、波特兰的轻轨系统、西雅图的轻轨系统、达拉斯的捷运系统等。虽然 TOD 规划概念可以应用在轨道交通、巴士甚至高速公路等各种公共交通系统上，但由于轨道交通系统具有搭载量较大及安全性较高、能源消耗及空气污染较低的优势，目前在这个领域的应用更加普遍。

（2）斯德哥尔摩。

瑞典首都斯德哥尔摩是一个低密度的城市，仅有不足 80 万人口。在欧洲，瑞典属于后发展城市——二次大战以后才经历迅速工业化的过程，有超过 90% 的住宅单位建于 1946 年之后。但它同时也是欧洲最富裕的国家之一，1990 年人均 GDP 为 17900 美元，小汽车拥有率位居欧洲之首，为每千人 420 辆。值得注意的是，虽然斯德哥尔摩完全具备了充分发展小汽车的先决条件，但由于采用公共交通导向的土地利用模式，它还是成为欧洲最具有公共交通倾向的城市。

斯德哥尔摩的一半人口居住在中心城市，另一半居住在卫星城。这些建于战后的卫星城（或称卫星社区）全部位于放射形铁路的车站处，本身的尺度和布局非常有利于步行交通：铁路站口结合公共广场布置，周围是超市、各类商店、日托中心和其他服务设施，还配置了坐椅、报亭、路边咖啡座、有盖步行连廊以及花坛等设施的步行道与周围的住宅区连接。从中心向外建筑密度逐步降低，建筑档次逐步提高，特别有利于低收入的居民使用公共交通。

（3）香港。

香港是世界上人口最稠密的城市之一，在面积仅为 1100 平方公里的面积内居住着 600 万人口，而且海拔 50 米以下的面积不到 20%，其余都是陡峭的丘陵地带。香港在如此之高的密度下仍然能够保持城市交通的顺畅，有效地控制交通污染，与其居民极高的公共交通使用率分不开。

香港总体上采用了 TOD 发展战略。TOD 战略可以引导人们改变出行方式，达到低碳化的目标。香港城市发展格局深受轨道交通影响，从 20 世纪 80 年代开始，香港的公共交通系统就承担了 80% 以上的城市交通流量，私人交通出行率不到 7%。香港依托轨道交通沿线形成了 11 个镇市，聚集了香港约 70% 的人口。TOD 战略使香港公共交通出行量占机动化出行率超过了 83%，且 50% 左右的人口居住在轨道交通 500 米范围内（新九龙、九龙、香港岛占到了 65%），20% 的居民在离地铁站 200 米范围内居住。香港在低碳交通方面的成功绝大部分得益于以公共交通为导向的社区土地利用模式。

香港的就业用地布局也采用类似模式。在新界，约有78%的就业岗位集中在8个位于地铁站附近的就业中心内，其用地面积之和仅占新界总面积的2.5%。商务中心更是高度集中在各类公共交通工具的大型枢纽处。其中，中环—金钟—铜锣湾地铁沿线的平均就业密度超过每公顷2000人。

(4) 东京。

东京是一个国际性大都市。仅距城市中心半径20km的范围内就聚居着820万人口。高密度发展的城市形态使城市内部交通量高度集中。1990年，东京的汽车拥有率仅为巴黎70%，纽约的50%。而单位土地面积上的汽车交通强度却分别是它们的2倍和1.4倍。由于土地缺乏和依赖进口石油，日本在历史上一直采取鼓励公共交通的政策。东京的铁路（包括地面和地下铁路）是这个城市最主要的公共交通方式，也几乎是世界上唯一能够赢利的城市铁路系统。

与其他国际性大城市不同，包围着东京中心高密度发展地区的著名城市环路不是大容量快速汽车道路，而是一条环形铁路——山手环线。如同其他城市环路一样，山手环线起着减轻城市中心地区交通压力的作用，同时也将大量的职工和购物者带到城市中心。东京的新老CBD几乎全部集中在山手环线和中央线的车站附近。以70年代开发的新宿副中心为例，商业娱乐中心及其周围的办公建筑集中在距铁路车站不足1000m的范围内，有空中、地下步行通道保护行人免遭汽车和恶劣气候的侵扰。由于大量活动直接在车站附近完成，乘用火车是人们出入该区最方便与最常用的交通方式。

由山手环线向外放射的郊区铁路沿线更存在一系列典型的公共交通社区。大型社区中心围绕车站布置，有景观良好的步行系统从中心通往附近的居住区，居民步行和乘公共汽车到铁路车站都很方便。根据1988年对东急财团经营的“田园城市”铁路沿线的调查统计，居民到铁路车站（社区中心）的出行总量中，67.8%为步行，24.7%乘用公共汽车，仅有6.1%使用私人小汽车。显然，这种用地布局在吸引远距离出行使用铁路的同时，还有效降低了社区内部的机动车交通量。

(5) 广州大学城。

广州大学城是广州实施多中心发展的一条战略道路，其由10所高校组成5个组团，通过明确的功能定位以“学、研、产”为依托推动城市经济的发展。在广州大学城的规划中引用了 TOD 理念，首先保护轨道交通沿线土地的利用，通过轨道交通和土地利用的结合来实现城市的和谐发展。

广州大学城的功能定位是在“城”，其首先要实现城的功能，为广州实现多中心组团发展提供基础。其通过对不同大学组团式发展，更加方便了高校间学术与知识的交流。通过地铁 7 号线与地铁 4 号线的南北交错的交通方式实现了与城市间的链接，通过方便的交通方式来对城市人口进行均衡的分布。广州大学城在其发展和规划中是旗帜鲜明地以高校为基础建设的社区，其周边地区的开发也可以得到很好的利用，提高了轨道交通沿线的土地价值。

广州大学城是以轨道交通为中心而建立起的高校式组团发展模式，这也是我国城市发展的首例，给我国城市和高校的发展提供了借鉴之路。在轨道交通站点的周围还建立了相应服务设施，包括餐饮、消费、娱乐、办公、体育和教育等。虽然在土地高密度利用方面受到高校的限制并未符合 TOD 模式的理念，学生宿舍的建设也使得人口密度满足了 TOD 模式的发展要求，但是却为 TOD 模式的发展创造了新型模式。

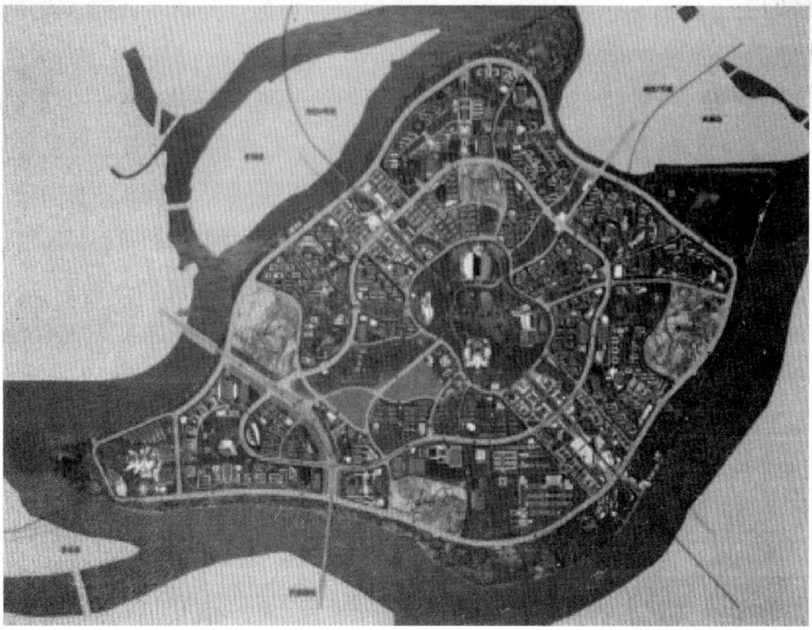

图 5－4　广州大学城总平面规划图

### （四）BRT

快速公交系统（简称 BRT），是一种介于快速轨道交通（简称 RRT）与常规公交（简称 NBT）之间的新型公共客运系统，是一种大运量交通方式，通常也被人称作“地面上的地铁系统”。它是利用现代化公交技术配合智能交通和运营管理，开辟公交专用道路和建造新式公交车站，实现轨道交通运营服务，达到轻轨服务水准的一种独特的城市客运系统。

快速公交系统 30 年前起源于巴西的库里蒂巴市，与此同时世界上许多城市通过仿效库里蒂巴市的经验，开发改良建设了不同类型的快速公交系统。BRT 系统在类型、容量和表现形式上的多样性，反映出它在运营方面广阔的发展空间以及大运量公交系统与生俱来的灵活性。BRT 既适用于一个拥有几十万人口的小城市，同时也适用于特大型都市。库里蒂巴的公交出行比例高达 75%，日客运量高达 19 万人。

快速公交系统是一种高品质、高效率、低能耗、低污染、低成本的公共交通形式，充分体现了以人为本，构建和谐社会的发展理念。快速公交系统采用先进的公共交通车辆和高品质的服务设施，通过专用道路空间来实现快捷、准时、舒适和安全的目的。

广州 BRT 全线长 22.9 公里，路宽 60 米，西起天河体育中心，东至黄埔夏园，共设 26 个 BRT 站点。包括体育中心、石牌桥、岗顶、师大暨大、华景新城、上社、工业园、棠下、棠东、天朗明居、车陂、东圃镇、黄村、珠村、莲溪、茅岗、珠江村、下沙、乌冲、黄埔客运站、双岗、沙浦、南海神庙、庙头、南湾及夏园站。票价 2 元，换乘免费。其中，岗顶站和师大暨大站是世界上最长的 BRT 站点。广州 BRT 停靠车站比普通车站长，BRT 师大暨大站单侧可同时停靠 12 辆公交车，是迄今为止全球最长的公交车站。这一说法是由国际 BRT 技术权威组织 IT－DP 提出来。

## 五、倡导低碳消费，形成城市低碳生活方式

### （一）低碳消费

“低碳经济”是全球经济发展的最佳模式之一，它包括经济发展各个环节的低碳化，即低能耗高利用、低污染高安全，其中低碳消费是其重要

环节（这里的消费是指生活性消费，而非生产性消费）。消费在经济发展过程中有着承上启下的作用：消费既是生产的最终目的，又是再生产新的需求起点。低碳消费通过现实消费需求引导着低碳生产的方向，同时又通过消费市场上消费需求的有效实现进一步推动低碳生产的可持续发展。低碳消费直接满足居民的生态需求，改善居民的生活质量，提高国民素质，促进经济社会协调发展。

消费生活方式反映消费者的消费生活特征、消费价值观、消费偏好与消费习惯。在实际消费生活中，它内在地通过消费偏好影响着消费者的消费选择，对不同消费品的选择必然引导着不同消费品的生产，从而不同的消费生活方式必然引导着不同的经济发展模式。原始农业社会下，人们的消费生活符合低碳化标准，但那种低碳化消费生活方式的具体内容则是消费结构的单一、消费水平的落后、消费能力的低下。现代工业社会下，人们的消费结构不断优化升级，消费水平不断提高，消费能力大大提升，然而，消费生活的高碳化，给我们生活的地球与气候带来了不可逆转的损害，环境污染日益恶化，全球气候变化异常。后工业化社会将致力于协调经济发展与环境友好、资源节约之间的关系，我们的消费生活方式应该是一种新型的低碳消费生活方式。

低碳消费模式是指消费者选择二氧化碳排放较低的消费资料或者消费方式，以满足自身的需要。这一模式将改变消费者的消费理念和传统的消费习惯，引导消费者拥有低碳消费资料，选择低碳消费手段，以此来满足自身的生存与发展需要。其实质是以“低碳”为导向，当代消费者对社会和后代负责任的一种共生型消费方式。

城市低碳消费的关键是人们的消费理念、消费方式和消费行为三者之间的协调与配合。构建低碳消费模式重点要从两方面入手。

**1．以营养健康为导向的低碳饮食**

低碳饮食，就是对碳水化合物的消耗量进行严格限制，同时稳步提高蛋白质和维生素的摄入量。实现低碳饮食，一是要平衡膳食，在保证营养、健康的前提下，提倡少食肉禽蛋奶，多吃五谷杂粮、瓜果蔬菜，尤其是尽量选取当地、应季的天然食材。这样不仅可以提高人的身体素质，还可以降低碳的排放量。二是养成良好的饮食习惯，平时要均衡饮食，外出就餐时要酌情点餐，杜绝浪费。三是低碳做饭，采用蒸、煮、拌等节能烹饪方法，选用节能冰箱、节能灶具、节能电饭锅等家电，从源头上减少日常饮食的能源消耗，降低碳排放量。

2. **以经济适度为导向的低碳日用。**

低碳消费要从日常点滴做起。一是选择低碳家电，选购在技术上推陈出新、在生产中采用环保材料的节能家电。二是低碳穿衣，尽量选用自然环保面料和可循环利用材料制成的衣服，减少洗涤次数，鼓励手洗衣服，自然晾干。三是减少生活垃圾，对垃圾进行合理的分类，提高回收利用效率。四是低碳办公，采用无纸化办公平台，通过网络在线处理公文，多用即时通讯工具沟通，少用传真机和打印机，在减少纸张消耗的同时，更可成倍提高办公效率。五是提倡合理消费、文明消费，淡化面子消费，戒除奢侈消费，减少非理性的消费行为。

## （二）碳标签——低碳生活的新工具

2009 年 6 月，中国标准化研究院和英国标准协会在北京共同主办 PAS 2050 中文版发布会，以推动建立碳标签制度在我国的试点工作。

2009 年 10 月中国环保部宣布将实施产品碳足迹计划，符合的产品加贴低碳标签，当然，碳足迹评价及低碳标签均是自愿性的。目前，产品低碳评价标准和认证方法正在开发中。2010 年 5 月，由环境认证中心和德国技术合作公司（GTZ）共同举办的中德低碳产品标准第一次专家研讨会在北京召开，双方就中国低碳产品认证的实践和德国气候友好标志标准及认证体系进行了深入的交流，并一致同意选定彩色电视机和多功能一体机两类产品制定中国环境标志低碳产品标准。

2010 年中国质量认证中心承担了低碳产品认证研究项目，在该项目中将研究如何建立我国低碳产品认证制度，包括：碳足迹与低碳产品认证的关系、认证模式、与现有节能认证、能效标识等关系、产品目录等。

“1 千克虾夷扇贝总排放量为 0. 8 克二氧化碳当量”，从 2011 年起，大连獐子岛渔业集团股份有限公司的虾夷扇贝产品都将贴上这样一张“碳标签”，这也是中国食品行业首个碳标识认证食品。

碳标签作为一种环境管理工具，不仅对当前的碳排放进行有效的定量化分析和评价，而且对产品生产的全过程所涉及的碳排放进行评价。在全球气候逐渐恶化及我国城市化进程不断加速的背景下，碳标签的实施和应用在理论上可以探索并建立我国具有自主知识产权的碳标签评价方法和体系，促进低碳经济的发展；在应用上可以让企业积极采用节能减排技术，帮助企业降低产品或服务的碳排放，提高企业竞争力。同时，随着环保意识的不断增强，碳标签的应用可以引导消费者的消费观念，选择更加环保的商品，以达到减少温室气体的排放、缓解气候变化的目的。碳标签制度将自下而上地推动我国碳减排工作由自愿到强制的转变。

## 六、发展碳金融，建立完善碳交易市场

### （一）碳金融起源

为了有效地应对气候变化问题，1992 年 6 月在巴西里约热内卢召开的有世界各国政府首脑参加的联合国环境与发展会议期间开放签署了《联合国气候变化框架公约》。《联合国气候变化框架公约》是世界上第一个为全面控制二氧化碳等温室气体排放，以应对全球气候变暖给人类经济和社会带来不利影响的国际公约，也是国际社会在对付全球气候变化问题上进行国际合作的一个基本框架。

《京都议定书》是 1997 年 12 月在日本京都签署的，并于 2005 年 2 月生效，是《联合国气候变化框架公约》的补充规定。到 2009 年 12 月，184 个缔约方签署了该议定书。自此，碳金融产生了。

《京都议定书》最重要的成果是建立了减排二氧化碳的三个灵活合作机制：发达国家之间的联合履约机制（JI）、排放贸易机制（IET）以及发达国家与发展中国家之间的清洁发展机制（CDM）。JI 和 CDM 属于减排项目合作的机制。通过这两个项目合作机制，发达国家或其国内的金融机构可以以投资者的身份，向其他国家（JI 是在发达国家，CDM 是在发展中国家）具有减排效应的项目供应资金和技术。IET 是指发达国家之间进行的买卖排放额度的“排放权交易”，即提前或超额完成任务的国家可以以一定的价格向没有完成削减任务的国家卖出过量减排的额度。

### （二）碳金融定义

碳金融是在应对全球气候危机问题上的一种金融创新手段，利用信贷、证券、保险等政策引导和规范各种经济行为主体的经济活动实现环境与经济协调发展。

世界银行对碳金融的定义为：“碳金融是指向可以购买温室气体减排

量的项目提供资源。”可以更为具体地表述为，碳金融是指服务于旨在减少温室气体排放的各种金融制度安排和金融交易活动，主要包括碳排放权及其衍生品的交易和投资、低碳项目开发的投融资以及其他相关的金融中介活动。

### （三）国际经验借鉴

由于许多发达国家承担了议定书中规定的减排额度，加之三个减排机制的制定，使得发达国家的碳金融市场既包括了基于项目的市场（CDM 和 JI），也包括了基于配额的市场（IET）。两种市场的融汇和渗透，主要是通过政策上的相互关联以及由此产生的市场制度和逐利行为实现的。碳金融市场的国际经验，主要包括有：

#### 1. 国际碳排放交易基础平台

根据世界银行2009年公布的统计数据显示，尽管全球碳市场受国际金融危机持续和后《京都议定书》时期全球应对气候变化政策不明朗的双重因素影响，但却表现出强大活力。根据世界银行在2009年公布的统计数据显示，自2005年起全球碳排放交易金额从最初的7亿美元增长到2009年的1437亿美元，六年时间快速增长了200倍，交易总量也由7.1亿吨迅速提升至87亿吨。另外，据英国New Energy Finance公司2009年6月公布的预测报告，全球碳交易排放量市场及其衍生品交易市场的交易量2020年将达到3.5万亿美元，超过石油市场，成为全球第一大宗商品市场。《京都议定书》规定的国际排放权交易、欧盟的排放交易体系和美国RGGI属于法规约束下的“规则”限额市场，而芝加哥气候交易所（CCX）则开创了全球第一家自愿减排碳的限额交易市场。此外，还有澳大利亚碳市场——新南威尔士 $CO_2$ 减排体系（GGAS）；日本碳市场——日本自愿排放交易体系、日本国内排放交易综合市场、东京限额交易体系；韩国碳市场等。

#### 2. 健全的市场机制

目前，国际碳金融市场上交易的主要对象是碳排放权及其衍生产品。根据排放权的来源和交易特征，碳金融市场可分为基于项目的市场和基于配额的市场（图5-5）。

基于项目的市场又称基准—交易。在此交易体系下，针对每一个排放源将规定其排放基准，如果实际排放水平低于基准排放水平，则该项目在经过认证后可获得核准的减排单位（CERs），该减排单位可以进行流通和

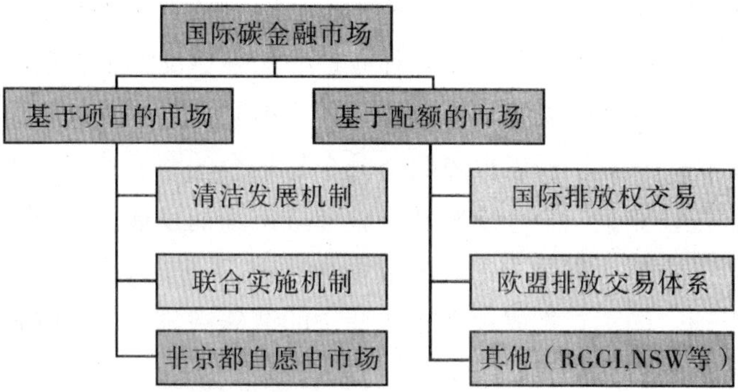


图5－5　碳交易市场框架

买卖。国家和企业可以通过购买这种减排单位来缓解减排约束或降低直接减排所产生的成本，即利用CDM机制和JI机制进行“境外减排”的补偿交易。

基于配额的市场又称限量—交易，即由管理者制定总的排放配额并在参与者间进行分配，对排放量超标的企业实施惩罚，从而促使企业将根据自身的实际排放需要对配额进行买卖以履行自己的义务。

与交易相对集中的配额市场不同，基于项目的市场非常分散。两类市场的融合，主要通过政策上的“关联机制”实现。《京都议定书》和欧盟交易体系规定可以利用清洁发展机制、联合实施机制等实施“境外减排”，从而促进了项目市场的发展。

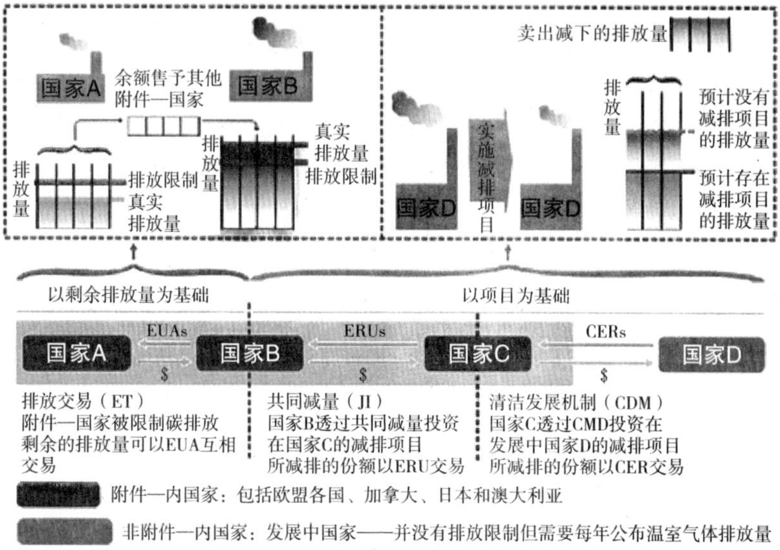


图5－6　碳金融主要交易原理

### 3. 广泛的参与主体

发达国家碳金融的参与主体包括政府、企业、交易所、商业银行、投资银行和中介服务等金融机构。政府作为节能减排的主要倡导者，它主要负责制定相关的法律法规以保障碳金融交易平台的顺利建立和市场的平稳运行，并通过设立碳基金等手段推动碳金融市场的发展。而企业作为低碳经济中减排的主体，其参与碳金融市场交易主要基于两方面：其一，最直接的动机是通过购买碳排放权来完成预定的节能减排任务，降低直接减排所付出的成本；其二，是那些已完成节能减排任务的企业基于利益的驱使，主动通过碳交易所将拥有的富余排放权在市场上出售以此获利。而西方碳交易所的建立正是政府和企业共同推动的结果。商业银行和投资银行在碳金融市场成立之初主要担当企业参与碳交易的中介机构和为企业提供项目融资等，从中赚取手续费和利息，但随着碳金融市场的不断发展壮大，这些金融机构通过不断创新，发展出各种各样的碳金融创新产品，如碳期货、碳基金、CER 期货和期权等，极大地丰富了碳金融市场，同时也获取了丰厚的回报。西方发达国家碳金融市场正是由于政府、企业和金融机构等多方面的积极参与配合才能达到今天的高度，缺少任何一方的支持都不可能取得这么巨大的成功。

### 4. 多样化的碳衍生品市场

碳排放权是碳金融市场中的原始交易产品，但随着国际碳金融市场和碳金融体系不断完善，碳金融产品的交易规模不断增大，欧盟等发达国家不仅推出了碳金融现货产品，而且还推出了碳金融衍生品，因此多样化的碳金融交易产品，包括：碳基金、碳信贷、碳债券、碳期货、碳期权、碳基金理财产品、碳保险、碳股票、碳资产证券化、碳交易保理等，不仅大大活跃了碳金融市场，而且满足了不同的投资者和企业的需要。

## （四）碳排放权交易试点广东先行

作为全球第一大碳排放资源国，我国已成为目前世界上最大的清洁能源发展机制（CDM）项目的供应方和最具有发展潜力的碳减排市场。从 2008 年开始，我国先后在北京、天津和上海建立了三个自愿性的环境交易所作为试点。根据数据显示，2008 年全球碳交易总额达到 48 亿吨，我国减排项目数和减排量均居世界首位。据联合国 CDM 执行理事会网站的最新数据，至 2011 年 5 月 17 日，全球通过其注册的 CDM 项目数为 3100 个，中国通过注册的 CDM 项目数为 1386 个，占全球总数的 44.71%。

而作为全球制造业基地之一的广东，高碳生产格局仍会维持相当时间。庞大的碳排放量与减排量是建立碳市场的基础。广东碳排放总量虽然还在增长，但单位 GDP 能耗仅为全国平均水平的 65% 左右，为全国领先水平。至 2010 年底，广东获国家发改委批准作为 CDM 的项目有 76 个，其中 35 个项目在联合国注册，14 个项目获联合国签发的减排量。同时，随着《泛珠三角区域合作框架协议》的签署，以珠江水系为纽带的 9 省加港澳的区域经济，以空前的速度进行交融协调，这为广东发展与协议各方的碳市场合作提供了得天独厚的优势。香港作为世界现代物流和金融服务业中心之一，在发展核证减排期货市场、发展碳金融业务方面，都领先于内地。广东可借助区位优势，加强与香港的合作，开展碳交易平台建设。总之，广东具有实行低碳转型，发展碳交易市场的良好基础。

作为国家首批低碳城市试点，广州在碳金融市场发展上也走在全国前列。广州环境资源交易所于 2009 年 6 月正式成立，是经广州市人民政府批准成立的集环境资源领域交易服务于一体的专业化资本市场平台，是立足广州，辐射珠三角，面向全国的综合性环境资源交易市场平台。目前广州环境资源交易所已与环保部门沟通，对二氧化硫等国家强制控制的污染物做交易前的准备工作。

2011 年 4 月，广州市发改委正式出台《关于 2011 年广州市深化体制改革工作的意见》。在完善要素配置机制，健全市场体系方面，广州市政府明确提出将做大做强广州产权交易市场，探索以市场手段推进节能减排工作，争取支持设立广州碳排放权交易所。

2012 年 9 月 7 日广东省政府正式印发《广东省碳排放权交易试点工作实施方案》，明确了我省碳排放权交易试点的指导思想、工作目标、总体安排、主要任务和保障措施，为碳排放权交易试点的全面开展提供了坚实保障。实施方案明确提出建立补偿机制，推动省内温室气体自愿减排交易活动，将基于项目的自愿减排量，特别是森林碳汇纳入碳排放权交易体系。根据实施方案，广东省碳排放权交易试点将分三期安排：第一期（2012—2015 年）为试点试验期，第二期（2016—2020 年）为试验完善期，第三期（2020 年后）为成熟运行期。据广东省统计局数据显示，目前首批九大行业 827 家企业可纳入“控排企业”范围，年综合能源消费总量为 11067.8 万吨标准煤，约占全省能源消费量的 42%，约占全省工业能源消费量的62.7%。

2012年9月11日广东省启动碳排放权交易试点，同日广州碳排放权交易所正式成立，是省内碳排放权交易平台。作为全国第一个启动碳交易试点的省，与北京、上海等城市相比，广东有21个地级以上市，区域覆盖面广，地区经济社会发展水平不一，且行业种类多、差异大。广东版的碳交易方案，结合广东特色，尽可能涵盖主要的排放行业，并率先探索在省内不同区域之间开展交易的可行性。

## 七、构建低碳城市，建设美丽家园

### （一）低碳城市

中国正处在城市化加速的时期，城市化率以每年超过一个百分点的速度提高。据预测，中国的城镇化水平在2010年为46.50%左右，2020年城镇人口比重将达到57%左右。在科学发展观指导下探索可持续城市化的发展模式是中国实现应对全球气候变化和快速城市化压力、落实节能减排和建设有中国特色生态文明的重要基础。

低碳城市是指在经济、社会、文化等领域全面进步，人民生活水平不断提高的前提下，减低二氧化碳排放量，建设可持续发展的宜居城市。低碳城市正在成为一个世界城市品牌的新亮点和新坐标，在全球范围城市软实力的竞争中发挥着日益关键的作用。低碳城市就是以低碳经济为发展模式及方向、以低碳生活为理念和行为特征、以低碳社会为建设标本和蓝图，通过改变“大量生产、大量消费和大量废弃”的社会经济运行模式，优化能源结构、节能减排、循环利用，最大限度减少温室气体排放，建立资源节约型、环境友好型社会，建设一个良性的可持续的能源生态体系。其内涵包括三个方面：一是从减少碳排放的角度，包括绿色能源、清洁技术的采用，强调所有的物质资源和能源得到高效合理的利用，并进入循环系统，最大限度地提高资源和能源的利用率，减少无谓消耗和污染物的产生；二是从社会生活的角度，包括低碳交通、低碳建筑、低碳消费等方面，强调人们在社会生活的方方面面尽可能地减少自己的碳足迹，践行健康、环保的生活方式；三是从城市管理层面，强调低碳规划和低碳制度，完善低碳城市规划先行，发挥制度作用，规范人们行为和各方面利益。

## （二）低碳城市的发展路径

城市的低碳发展涉及到经济、社会、人口、资源、环境等各个领域，是一项复杂的系统工程。如图 5－7 所示，能源是城市发展的动力，是城市系统的输入端，从源头上改变输入能源的基底，加快碳基能源向氢基能源

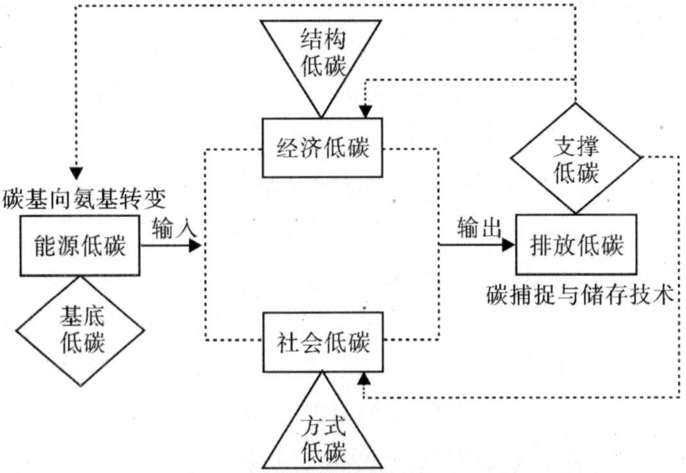


图 5－7　低碳城市发展路径框架（付允等，2008）

的转变，是实现城市低碳发展的根本；经济结构影响能源消耗，优化产业结构是实现城市经济低碳发展的重要措施，同时通过发展低碳技术，提高能源的利用效率也是实现经济低碳发展的关键所在；公众的出行方式、消费方式和居住方式对社会的低碳化有重要影响，鼓励使用公共交通，提倡消费低碳产品，引导居住公共住宅，树立能源节约理念，是实现低碳社会的重要举措；低碳技术是实现城市能源、经济、社会低碳的支撑和保障，城市系统终端碳排放的减少依赖于碳捕捉和储存技术的利用。

## （三）低碳城市的实践

### 1. 国外低碳城市建设

目前低碳城市建设在全球范围内广泛展开。伦敦、东京、纽约等世界级城市先后提出低碳城市建设目标并制定相关规划或行动计划。现阶段国际上进行低碳城市建设可资借鉴的案例城市主要为“世界大城市气候领导联盟”成员，这些城市已进入低碳城市建设目标的实施阶段，包括伦敦、纽约、哥本哈根、东京、多伦多、波特兰、阿姆斯特丹、奥斯汀、芝加

哥、斯德哥尔摩、西雅图等。多数案例城市均制定了大幅度可量化的降低二氧化碳排放的指标：如伦敦提出到2050年基于1900年的二氧化碳排放量降低60%，斯德哥尔摩提出到2050年基于1900年的二氧化碳排放量降低60%至80%，成为零碳排放的城市。

**2. 国内低碳城市建设**

在我国，低碳城市理念已于近几年蓬勃兴起并在全国范围内出现低碳城市建设热潮。日照市较早开展了应对气候变化的探索，于2007年成为首批加入“气候中和”网络的中国城市，并因“太阳能之城”发展战略的显著成效获得首届“世界清洁能源奖”。2008年1月，国家住房和城乡建设部与世界自然基金会（WWF）以河北省保定市和上海市为试点，联合推出“低碳城市”发展示范项目，标志着低碳城市建设在我国正式起步。

2010年7月19日国家发改委发布了《关于开展低碳省区和低碳城市试点工作的通知》，确定首先在广东、辽宁、湖北、陕西、云南五省和天津、重庆、深圳、厦门、杭州、南昌、贵阳、保定八市开展试点工作。根据《通知》，国家要求试点地区，测算并确定本地区温室气体排放总量控制目标，研究制定温室气体排放指标分配方案，建立本地区碳排放权交易监管体系和登记注册系统，培育和建设交易平台，做好碳排放权交易试点支撑体系建设等。这就是五省八市国家低碳试点。

2012年4月，发改委气候司为了贯彻落实《国务院关于印发十二五控制温室气体排放工作方案的通知》的精神中，决定在第一批试点的基础上，进一步稳步推进低碳试点示范，并于4月27日下发了《关于组织推荐申报第二批低碳试点省区和城市的通知》，要求各地在6月30日之前提交申报材料。

2012年11月26日国家发改委下发《国家发展改革委关于开展第二批低碳省区和低碳城市试点工作的通知》，确立了第二批国家低碳省区和低碳城市试点范围为：北京市、上海市、海南省和石家庄市、秦皇岛市、晋城市、呼伦贝尔市、吉林市、大兴安岭地区、苏州市、淮安市、镇江市、宁波市、温州市、池州市、南平市、景德镇市、赣州市、青岛市、济源市、武汉市、广州市、桂林市、广元市、遵义市、昆明市、延安市、金昌市、乌鲁木齐市。

至此，我国已确定了6个省区低碳试点，36个低碳试点城市，至今大陆31个省市自治区当中除湖南、宁夏、西藏和青海以外，每个地区至少有一个低碳试点城市。低碳试点已经基本在全国全面铺开。

广东省低碳城市工作，先试先行，走在全国的前列。2012 年 1 月 10 日《广东省低碳试点工作实施方案》（以下简称《实施方案》）正式获国家发改委批复同意。这是国家低碳省试点工作启动一年多以来，全国 13 个低碳试点省市中首个获国家发改委正式批复的低碳试点工作实施方案。《实施方案》的获批，意味着广东低碳省试点进入全面组织实施阶段。

按照《实施方案》提出的目标，到 2015 年，非化石能源占一次性能源消费的比重达到 20%，单位生产总值二氧化碳排放比 2010 年降低 19.5%。初步建立控制温室气体排放的市场机制和有利于低碳发展的体制机制，经济发展方式向低碳发展转型取得初步成效，低碳生活方式和消费模式理念成为全社会的广泛共识，生态环境有所改善；到 2020 年，努力实现全省单位生产总值二氧化碳排放比 2005 年降低 45% 以上。

国家发改委在批复中高度评价，广东《实施方案》提出对二氧化碳排放总量控制，并以此为基础开展碳排放权交易试点，具有前瞻性和创新性。同时明确推动产业低碳化发展、优化能源结构、节能提高能效、发展低碳交通和建筑、建设绿色广东等重点工作，确立了比较完善的试点保障体系，规划了未来五年试点工作的时间进程，明确了各部门职责分工，具有较强的针对性和可操作性。

为突出示范引导，以点带面推动低碳试点工作，经省政府领导同意，广东省已确定首批低碳试点城市、县（区），即：广州市、珠海市、河源市、江门市 4 个低碳试点城市；珠海市横琴新区、佛山市禅城区、佛山市顺德区、韶关市乳源县、河源市和平县、梅州市兴宁市、梅州市大埔县、云浮市云安县 8 个试点县（区）。对低碳试点城市、县（区）的工作要求有五个方面，一要编制低碳发展规划，二要探索创新体制机制，三要建立健全工作体系，四要制定完善配套政策，五要积极倡导低碳生产、生活方式。

2012 年 2 月 13 日，广东省开展国家低碳省试点工作联席会议印发《2012 年广东国家低碳省试点工作要点》，广东省国家低碳省试点工作进入全面实施的阶段。

# 第六章 保护生态环境 建设优美广东

## 一、加强综合治理，改善环境质量

### （一）统筹管理，推进水环境质量持续好转

2002年省委、省政府作出关于加强珠江综合整治工作的决定以来，珠江综合整治先后实现了“一年初见成效，三年不黑不臭，八年江水变清”的目标。为巩固珠江综合整治成果，深入推进广东省水污染防治工作，进一步提升全省水环境质量，切实保障饮用水源和生态环境安全，促进广东省经济社会科学发展，加快建设幸福广东，根据有关法律法规要求，广东省制定《南粤水更清行动计划（2012—2020年）》。

行动计划的总体目标是：一年新进展，三年新突破，八年水更清。通过流域综合整治和生态建设，全省地表水质达到环境功能要求，饮用水源水质高标准稳定达标，水生态系统逐步修复，重现江河湖库秀美的自然风貌，构建经济繁荣、水体清澈、生态平衡、人水和谐新格局，为全省人民安居乐业提供安全优质的供水保障和良好的水生态环境。

**1. 实施分区控制，优化社会经济布局**

（1）构筑生态红线，优化产业布局。

一是划定生态控制红线。认真落实《广东省环境保护规划纲要（2006—2020年）》和《广东省主体功能区划》等规划确定的分区控制要求，按照《国家环境保护“十二五”规划》的部署，深入开展环境功能区划，将主体功能和环境功能落实到流域、控制区或控制单元，构筑维持河流健康所必需的生态控制红线，引导流域社会经济和产业合理布局。

二是强化重要水库集雨区保护。严格限制重要水库集雨区变更土地利用方式。2014年底，各市要取缔重要水库集雨区范围内不符合土地利用规划的各种开发活动，恢复种植以水源涵养林、水土保持林为主的生态公益林，对逾期未完成整改任务的市实行区域限批。

三是优化产业布局。2014 年前划定东江、西江、北江和韩江等重要河流水源保护敏感区，敏感区内禁止建设化学制浆、印染、鞣革、重化工、电镀、有色、冶炼等重污染项目。东江流域要严格按照《广东省东江水系水质保护条例》和《关于严格限制东江流域水污染项目建设进一步做好东江水质保护工作的通知》的要求，控制水污染项目的建设。根据水环境承载力，制定北江流域矿产资源开发总量控制规划，实行北江流域重金属污染物“减量置换”，现有涉重金属企业应采取强制性清洁生产审核，切实削减重金属排放总量。

四是规范工业园区建设。继续抓好化学制浆、电镀、印染、鞣革、危险废物处置等重污染行业的统一规划、统一定点工作，依法关停达不到污染物排放标准又拒不进入定点园区生产的重污染企业。加强产业转移的规划引导，充分考虑水资源与水环境承载力等因素，统筹产业转移园的区域布局，切实防范污染转移。2013 年底前，承接产业转移的有关市要完成产业转移园区污水处理等环保设施建设。逾期未能建成污水处理设施或污水处理设施出水不达标的各类工业园区和产业转移园，暂停审批园区内的新、扩、改建设项目。

（2）优化供排水通道，构建安全供水格局。

优化调整取水排水格局，实现高、低用水功能之间的相对分离与协调和谐。根据广东省水资源分布及取水口规划情况，划定主要供水通道。新规划的河流饮用水源地原则上应设在供水通道内。供水通道严禁新建排污口，关停涉重金属、持久性有机污染物的排污口，其余现有排污口不得增加污染物排放量，汇入供水通道的支流水质要达到地表水环境质量标准Ⅲ类要求。

根据广东省地表水环境功能区划以及城市和产业布局，划定主要排水通道。各市在满足全省供排水格局要求的前提下，可在支流合理设定辖区内排水通道，更详细的排水通道设置方案，经科学论证后报省环境保护厅备案。排水通道应严格控制污染物排放总量，污染源达标排放，确保水质达到功能目标要求。

（3）加强生态公益林建设与湿地保护，提高水源涵养能力。

加强生态公益林的建设、保护和管理，将饮用水源保护区、主要供水通道和重要水库集雨区范围内的林地逐步纳入生态公益林范畴，加快推进退耕还林、林分改造，提高森林涵养水源和保持水土的能力，到 2015 年生态公益林占林业用地面积的比例达到40%以上，到2020年达到45%以上。加强对重要湿地的保护，鼓励农民退耕退养还湿地，对纳入保护范围、具有水源涵养功能的湿地按面积和水质状况向土地使用权拥有者支付生态补偿费，充分调动农民保护环境的积极性。

2. 严格环境准入，倒逼产业转型升级

全面推进规划环境影响评价和建设项目主要污染物排放总量前置审核。依法全面推进规划环评，对未组织环评的规划所列项目不予受理环评文件。严格执行建设项目主要污染物排放总量前置审核制度，实行控制单元内污染物排放“等量置换”或“减量置换”。供水通道和水质超标的控制单元禁止接纳其他区域转移的污染物排放总量指标，鼓励向环境容量充裕的非敏感河流转移总量指标。停批向河流排放汞、镉、六价铬等重金属或持久性有机污染物的项目。对不符合产业政策要求、未取得主要污染物总量指标、达不到污染物排放标准的建设项目，一律不予审批环评文件。对未实现总量控制目标、水质达不到功能区目标要求、发生重大污染事故的地区实施区域限批。

实行更严格的水污染物排放标准。对重点行业、重点流域实行更严格的水污染物排放标准。2013年底前，基于环境容量制定汾江河、淡水河、石马河等重点流域的水污染物排放标准；2015年底前，制定化工行业污染物排放地方标准，对珠江三角洲地区的电镀、纺织染整、制浆造纸、合成革和人造革、化工、制糖等行业分别执行行业排放标准中水污染物特别排放限值；2020年底前，制定持久性、优控水污染物排放标准。

健全落后产能淘汰机制。2013年起，定期发布淘汰、限制落后生产能力、工艺和产品名录；各市要建立健全落后产能退出机制，制订分流域、分年度淘汰落后产能实施方案。大力推进造纸、纺织印染、制革、电镀、化工等重污染行业以及高水耗、高污染、低产出等落后产能的淘汰，鼓励各地结合自身实际，提高淘汰标准、扩大淘汰产品和工艺范围，综合运用价格、环保、土地、市场准入制度、安全生产等多种手段加快推进落后产能淘汰。到2015年底，全省万元GDP用水量降至64吨以下，到2020年底，降至50吨以下。

大力发展绿色产业和循环经济。强化节水减排的刚性约束，积极引导低消耗、低排放和高效率的先进制造业和现代服务业发展。大力发展循环经济，推动石化、冶金、印染、造纸、皮革、电镀等重点行业的绿色化改造升级，着力推进工业园区生态化建设。全面推行清洁生产，依法对污染物排放超标超总量的企业，以及使用有毒、有害原料或者排放有毒、有害物质的企业实施强制性清洁生产审核；鼓励和支持环保守法企业开展自愿性清洁生产审核，不断减少污染物排放。

**3. 推进环境综合整治，持续改善水环境质量**

（1）强化跨界河流水质达标管理，切实解决跨界水污染问题。

严格执行《广东省跨行政区域河流交接断面水质保护管理条例》，适时修编《广东省跨地级以上市河流交接断面水质达标管理方案》，并认真组织实施。加强跨行政区河流交接断面水质和主要污染物通量监测并定期向社会公布，水质未达到控制目标的，责任方要提出达标解决方案，向上一级人民政府环境保护主管部门备案并向社会公布，认真组织实施；同时实施流域限批，停止审批在责任区域内增加超标水污染物排放的建设项目，排放其他水污染物的建设项目环境影响评价文件由交接双方共同的上一级人民政府环境保护行政主管部门审批，确保到2015年跨地级以上市河流交接断面水质达标率达到88%以上，到2020年达到90%以上。重点解决佛山肇庆南江工业园污染纠纷、中山—江门古镇水道污染治理等跨界区域污染整治工作。

（2）狠抓重污染流域综合整治，推进河涌生态修复。

按照《广州、佛山跨界河流水环境综合整治专项方案》的要求，重点推进广州佛山跨界污染整治，狠抓佛山水道、西南涌、水口水道、花地涌等污染严重河流综合整治，持续推进汇入珠江广州河段的污染河涌治理，广佛交界区域所有污染源和排污口要全面摸查，在系统掌握广佛交界区域排污分布的基础上，综合实施产业结构调整、污染源治理、截污、治污、冲污、清淤、生态修复等措施，切实削减污染负荷，严格控制纳污总量，确保到2015年，佛山水道水质基本达到Ⅳ类，广州珠江河段“亲水节”水质达到Ⅲ类；到2020年佛山—广州跨界水体达标交接，广州珠江河段丰水期水质达到Ⅲ类。广州、佛山市要根据本计划，制订辖区内更加详细的实施方案。

深入推进深圳河、淡水河、石马河、前山河、茅洲河、独水河、大燕河、练江、枫江、小东江等影响重大的流域综合整治，对超标控制单元实行污染物容量总量控制，确保水环境质量持续改善，各阶段整治目标按期实现。系统推进城镇河涌环境综合整治，加大生态修复力度，珠江三角洲地区各城镇每年整治一条以上污染较重的河涌，实现不黑不臭，两岸景观明显改善。到2015年底，基本完成珠江三角洲流经城区的主要河涌环境综合整治，实现不黑不臭；到2020年底，完成流经城市的河涌和流经县城的主要河涌环境综合整治，实现不黑不臭。有条件的地方可将河涌整治与城市改造、文化建设相结合，逐步实现河床湿地化、河坎生态化、河岸景观化，将城市河涌建成集防洪、绿化、美化、文化、旅游等功能于一体的生态长廊，提升城市人居环境满意度。

（3）加快污水处理设施建设，提升减排效果。

认真实施《广东省城镇污水处理及再生利用设施建设"十二五"规划》，积极推进污水处理工作。

一是优先完善污水处理厂配套管网。加快完善已建设施配套管网，切实提高已建污水处理设施运行负荷。按照厂网并举的原则，新、扩建污水处理设施和配套管网须同步设计、同步建设、同时投入运营。鼓励未开始建设污水处理厂的地区根据发展规划先行建设污水收集管网。将污水收集管网建设与城市开发、旧城改造等统筹考虑，城市新区、工业园区和住宅小区新建管网实施雨污分流，积极推进旧城区和重污染河涌周边的污水收集管网实施雨污分流改造，提高污水处理厂进水浓度。2015年底前，全省配套352座已建成运营设施的污水收集管网7900公里，配套新建污水处理设施管网5100公里，确保全省污水处理厂平均负荷率应达到80%以上。力争到2015年，珠江三角洲地区已建污水处理厂处理设施的COD、氨氮进出水浓度差分别达到130mg/L和13mg/L以上，粤东、粤西地区分别达到110mg/L和12mg/L以上，粤北地区达到100mg/L和10mg/L以上。

二是要全面加快建制镇污水处理设施建设。到2015年，广州、深圳、珠海、佛山、东莞、中山等市建制镇及其他地区中心镇，县城以上集中式饮用水源保护区内的建制镇，新丰江、枫树坝、白盆珠、南水、高州、鹤地等重要水库和主要供水通道两岸敏感区对水质影响较大的建制镇应建成污水处理设施，全省城镇生活污水集中处理率达85%以上。到2020年，所有饮用水源保护区内的建制镇，重要水库集雨区和主要供水通道两岸敏感区的建制镇应建成污水处理设施，全省城镇生活污水集中处理率达90%以上。村镇生活污水处理设施建设应因地制宜选择处理工艺。

三是要推进污水处理设施提升改造和污泥处置。新、扩和改建城镇污水处理设施出水应符合《城镇污水处理厂污染物排放标准》（GB18918－

2002）一级 A 标准及广东省地方标准《水污染物排放限值》（DB44/26－2001）的较严值，现有城镇污水处理厂在“十二五”期间出水要提高到《城镇污水处理厂污染物排放标准》一级 B 标准及《水污染物排放限值》的较严值，即化学需氧量出水浓度低于 40mg/L，氨氮出水浓度低于 8mg/L。2015 年前，水质超标流域以及尾水直排重要水库或供水通道的污水处理厂应完成深度处理升级改造，强化脱氮除磷功能，排入重要水库的出水水质应达到地表水环境质量标准Ⅲ类水质要求。重点推进广州、深圳、东莞等污染负荷重、耗水量大的城市开展污水再生利用工作，鼓励粤东西北地区因地制宜建设再生水利用设施。到 2015 年，力争全省污水再生利用率达到 10% 以上，到 2020 年达到 15% 以上。加快城镇生活污水处理厂污泥处理处置设施建设，到 2015 年，全省城镇生活污水处理厂污泥基本实现无害化处理处置。

（4）稳步推进农村环境综合整治，有效控制面源污染。

深入实施《广东省农村环境保护“十二五”规划》。推进重点流域、饮用水源保护区和重要水库周边农村连片整治，逐步改善农村生态环境。各级政府要全面清理辖区内河道两旁和水面的垃圾，推进农村生活废水、生活垃圾收集、处理设施建设。到 2013 年，全省各县建成生活垃圾无害化处理设施，县级以上城镇垃圾填埋场的渗滤液处理达标排放，全省城镇生活垃圾无害化处理率达 85% 以上；到 2020 年，全省城镇生活垃圾无害化处理率达 90% 以上，所有垃圾填埋场的渗滤液得到有效处理。加强畜禽养殖业污染控制，2012 年底前，各地级以上市、顺德区要将严格控制区、饮用水源地及重要水库集水区等生态敏感区域划为禁养区，根据当地环境承载力和总量控制要求划定限养区、适养区，优化畜禽养殖发展布局。加强养殖废弃物污染综合治理，推进畜禽养殖污染治理设施建设与升级改造。建立科学的种植制度和生态农业体系，减轻农业面源污染。合理确定水产养殖规模和布局，强化水产养殖污染防治。

**4. 强化环境监管，提高水污染防治水平**

逐步建立和完善部门监管、企业自律、社会监督相结合的污染源长效监管机制。严格实施排污申报和许可制度。按照“一企一档”的原则，建立规范的重点污染源动态监管档案。深化重点污染源环保信用评价制度，扩大重点污染源环保信用评价范围，各个市、县要对省控、市控重点污染源进行环保信用评价。建立企业环保诚信档案，定期公布重点污染源环境信用评价结果，强制上市公司、超标超总量排污企业和重污染企业按照《环境信息公开办法（试行）》要求公开相关环境信息。2015 年底前完成所有国控、省控重点污染源在线监控系统建设，并与环保部门污染自动监控系统联网，逐步推进重金属特征污染物的在线监控，对重点污染源实行实时监控。建立企业特征污染物监测报告制度，定期向社会发布监测结果。进一步强化环保执法后督察，推动违法企业及时有效落实整改措施。建立健全社会监督机制，发挥人大代表、政协委员和新闻媒体监督作用，有条件的地区推行环境违法行为有奖举报制度或线人举报制度，鼓励公众检举、揭发、曝光环境违法行为。

加大环境执法力度。继续实施重点环境问题和重点污染源挂牌督办，深入开展环保执法专项行动，对重点污染源加大现场巡查力度和监测频次，从严从重查处未批先建、违反“三同时”制度、故意偷排等违法行为，对超标、超总量排放水污染物的排污单位进行限期治理，逾期未完成限期治理任务的严重污染环境企业依法关停，到 2015 年底前，全省工业废水排放达标率达到 95% 以上，到 2020 年实现工业废水排放全面达标。加强环境监察能力建设。

强化环境风险防范和监控。强化源头防范环境风险，新、改、扩建相关建设项目，要编制环境风险评价专章，科学预测评价突发性事件或事故可能引发的环境风险，提出环境风险防范和应急措施。无环境风险评价专章的相关建设项目环评文件不予受理；经论证，环境风险评价内容不完善的相关建设项目环评文件不予审批。对环境风险防范措施不满足环评文件及批复要求的建设项目，一律不得同意投入试生产；对环境风险防范措施落实不到位的项目，一律不予验收。加强风险源排查，以排放重金属、危险废物、持久性有机污染物和生产使用危险化学品的企业为重点，全面调查重点环境风险源和环境敏感点，建立环境风险源数据库。对油类、剧毒和危险化学品生产、运输、装卸、储存及使用实施全过程监管，督促完善防溢流、防渗漏、防污染措施，提升风险管理水平，最大限度降低事故风险。加强环境污染事故预警和应急能力建设，建立东江、北江、西江、韩江等流域预警及应急管理决策支持系统，实现水环境风险评估、污染来源预警、水质安全应急处理三位一体的应急保障。

**5. 加强监测预警能力建设，提升科学决策水平**

强化水环境监测能力建设，完善地表水环境功能区水质评价体系。逐步开展重要水源河流、跨行政区交界断面以及公众关注河段的水质与主要污染物通量实时监控，把主要污染物通量监测结果作为跨界河流生态赔偿与补偿和水资源配置的重要依据。2015 年底前，珠江三角洲各地级以上市（含佛山市顺德区）、环保模范城、环保重点城市环境监测站和区域环境监测站，须具备饮用水源全指标监测能力，县级环境监测站具备常规水质指标监测能力。2015 年和 2020 年前分别开展一次覆盖全省水环境功能区的水质监测与评价。

优化水环境监控网络建设，加强饮用水源地环境监测。2013 年开始要全面开展乡镇以上集中式饮用水源水质监测，逐步开展农村集中式饮用水水源监测工作。对地级以上城市集中式饮用水水源地水质每年至少进行一次全指标监测，2016 年起监测频次增加到丰、枯两期以上，县城集中式饮用水源地每年至少进行一次全指标水质监测。对主要江河、重要饮用水源地、产业转移园区和重大风险源下游等环境敏感区断面加密监测，对重点污染源加大监督性监测密度。逐步开展城市集中式饮用水源地生物毒性实时监控系统建设，有条件的地区要开展集中式饮用水源地持久性有机污染物、内分泌干扰物和湖库型水源藻毒素监测。

加强流域水环境综合管理平台建设，全面提升水环境科学决策水平。建立集自动监控、业务管理、公众服务于一体的水环境信息化应用集成系统，全面提升水环境管理的信息化和精细化水平。深入开展重要流域水环境容量与承载力研究，推进主要江河、重点湖库、重要饮用水源地水环境管理基础信息系统、污染源综合管理信息系统、环境立体监测系统、环境污染预警应急系统建设，建立完善流域性环境信息资源网络，并与有关部门实现信息接口兼容，实现省市间、部门间信息更新、资源共享。搭建东江、珠三角河网区、北江等流域水环境综合管理平台，实现基础数据整合、水质监测与评价、污染源管理、未来趋势预测、风险预警与应急等多种功能的有机融合。搭建统一的广东省水环境信息对外发布的网络和平台，实现重点流域水环境信息、重点污染源信息、饮用水源信息多渠道、多形式发布。

**6. 创新机制体制，强化水环境管理**

（1）完善水环境保护法规体系。

制定《广东省水污染防治条例》，修订《广东省饮用水源水质保护条例》、《广东省珠江三角洲水质保护条例》、《广东省东江水系水质保护条例》、《广东省韩江流域水质保护条例》、《广东省跨行政区域河流交接断面水质保护条例》等，完善水污染损害赔偿与生态补偿、水污染联防联治、污染物排放权交易等机制，推行“征用（一级水源保护区）、租用（二级水源保护区）、补偿（外围水源涵养区）、聘用（水源保护专管员）”模式，为推动水环境管理向流域风险控制和水生态管理转变提供法制保障。强化环境司法保障，建立完善行政执法与刑事司法衔接制度。

（2）建立省流域生态环境保护专项资金。

整合现有省级水污染防治专项资金，从各地级以上市（含佛山市顺德区）财政收入中提取一定比例，建立省流域生态环境保护专项资金，用于考核激励、流域生态补偿、饮用水源保护、水污染治理、水环境监管能力建设、水环境保护法规标准制定及水环境科学研究等。

（3）重污染流域治理推行“河长制”。

对珠江广州河段、佛山水道、西南涌、水口水道、花地涌、深圳河、淡水河、石马河、前山河、茅洲河、独水河、大燕河、练江、枫江、小东江等重污染流域治理实行“河长”责任制，按照政府对辖区环境质量负责的法定要求，由各级政府主要负责人担任“河长”，负责辖区内水污染防治和生态保护。制定“河长”考核奖惩办法，将重污染流域治理的主要目标、任务纳入“河长”政绩考核，并向社会公布考核结果，对一年考核不合格的“河长”进行约谈；连续两年考核不合格的通报批评；连续三年考核不合格的，严格实行“一票否决”，两年内不得提拔。对一年考核优秀的“河长”通报表扬，连续两年考核优秀的给予表彰与奖励，连续三年考核优秀的予以优先提拔。

（4）建立河流生态补偿机制。

制定《广东省跨界河流达标考核与生态补偿办法》，建立更加科学的监测、评价与考核制度，对交接断面水质未达标且出境污染通量比入境大的，按照“超标项目越多、贡献污染通量越大，赔偿额度越大”的原则，污染责任方应向省流域生态环境保护专户缴纳生态赔偿金，原则上每吨污染河水的赔偿费不低于治理达标所需费用；交接断面水质优于水质目标的，受益方应向省流域生态环境保护专户缴纳生态补偿金。跨流域供水受益方应按取水量大小及水质状况缴纳生态补偿金。鼓励有条件的跨县（区）河流开展生态补偿工作。

（5）实施有利于水环境保护的经济政策。

推进污染治理设施建设和运营的专业化、社会化、市场化。对污水处理设施、污泥无害化处理设施、垃圾处理设施等企业试行政策优惠。对非居民用水要逐步实行超定额累进加价制度，对高耗水行业实行差别水价政策。各地应根据污水处理设施正常运营成本费用和水质改善目标的需要，按照“合理盈利”的原则制定污水处理收费标准，用于城镇污水及其污泥处置设施建设、运营和提标改造，确保污水处理和污泥处置设施正常运行。健全污水处理设施运营经费保障机制，省财政对投入运行不足三年的饮用水源保护敏感区内的镇污水处理设施运行经费予以适当补助。实施绿色金融政策，鼓励金融机构加大对符合环保要求项目的信贷支持，限制不符合节水减排政策或违反环保法律法规要求项目的信贷和直接融资。积极推进主要污染物排放权有偿使用和交易试点。

（6）完善跨界水污染联防联治机制。

加强东江、西江、北江、韩江、九洲江等跨省流域的协调协作，建立健全广佛肇、珠中江、深莞惠、汕潮揭、湛茂阳等区域和东江、韩江流域环保合作平台，健全流域环境监察协作、部门联合执法、边界联动执法和环境应急联动机制，完善定期协调会商、信息互通共享、水质联合监测等制度和突发环境事件协同处置制度，妥善处理跨界水污染纠纷和环境突发事件。

## （二）联防联控，继续改善大气环境质量

要着力抓好大气污染重点行业和企业整治，控制扬尘污染，控制机动车尾气污染，治理餐饮油烟，逐步开展加油站、油库废气和其他挥发性有机物（VOC）控制；推进工业企业脱硫除尘改造，提高热电企业脱硫效率，实施燃煤锅炉（窑炉）和导热油锅炉脱硫整治工程；对市政、建筑、拆迁等工地进行集中整治，深入开展“绿色工地”创建活动，切实加大扬尘污染控制力度；实施严格的机动车排放标准，实施轻型汽车Ⅳ号排放标准，同时实行机动车环保标志分类管理，强化机动车尾气排放检测，积极推广新能源汽车，切实加大机动车尾气污染控制力度；联合上海等长三角中心城市开展长三角区域大气污染物迁移、扩散轨迹和大气污染机理研究。

### 1. 优化能源结构和布局

大力发展核电，充分接收西电，积极引进液化天然气，积极开发水

电、风电等可再生能源。建设大型、高效、环保燃煤发电机组，提高天然气、电力等清洁、高效能源在终端能源消费中的比重。严禁建设单机容量小于13.5万千瓦的常规燃煤、燃油机组，逐步淘汰能耗高、污染重的小型发电机组，“十一五”期间已全部关停全省范围内所有5万千瓦以下的小火电机组。合理布局新建电厂，除适当建设热电联供机组外，城市市区和近郊区、环境空气质量不达标的地区严格限制新建燃煤燃油电厂；珠江三角洲地区原则上不再规划建设新的燃煤燃油电厂；新建大型燃煤燃油电厂主要布点在东西两翼地区。

**2. 加快烟气脱硫、脱硝**

按照国家以及《广东省燃煤燃油火电厂脱硫工程实施方案》等有关政策，加快实施现有燃煤燃油火电厂脱硫工程，限制未进行烟气脱硫火电厂的生产。新建、改建和扩建电厂要配套建设烟气脱硫装置。所有火电厂必须安装烟气在线监测系统。全省范围内尚未配套建设脱硫设施的企业，其燃煤含硫量要控制在0.7%以下，燃油含硫量要控制在0.8%以下，达不到要求的必须配套使用固硫剂或脱硫剂。加快城市民用燃料结构改造步伐，以珠江三角洲地区城市液化天然气建设工程为突破口，逐步推进珠江三角洲地区有条件的燃煤燃油热电联供电厂机组、工业锅炉改用液化天然气。全面推行低氮燃烧技术，新建火电厂要预留烟气脱硝场地。已建电厂须安装低氮燃烧器，推广采用烟气脱硝技术，控制电站、锅炉的氮氧化物排放。

**3. 加强机动车排气污染防治**

推行公交优先，鼓励发展电车、燃气车等绿色公共交通和轨道交通；严格控制城市市区摩托车的增长；按照国家制订的环保达标车型目录，不定期公布广东省的环保达标车型目录；实行新车准入制度，力争在珠江三角洲地区提前实施国家第三阶段机动车大气污染物排放标准（以下简称国Ⅲ标准），并按国家的统一要求，在全省实行国Ⅲ标准；改善油品质量，在全省范围内大力推广销售符合国Ⅲ标准的车用燃油；逐步建立和完善在用车检测/维护（I/M）制度，适时提高在用车尾气排放标准，禁止不达标机动车上路行驶；2008年底前制定和实施在用车环保分类标志制度，根据环境空气质量调整和限制某种标志的车辆上路；建立科学的交通管理和臭氧浓度常规预报系统；严格执行机动车到期报废制度；加强区域合作，建立机动车排气污染防治联动机制。

#### 4. 控制粉尘污染

禁止建设日产2500吨以下规模的新型干法转窑水泥项目、任何规模的立窑水泥项目，逐步淘汰立窑、干法中空窑、立波尔窑、湿法窑水泥生产线。禁止在城市市区、近郊区及风景名胜区新建、扩建水泥熟料生产线，珠江三角洲地区不再规划新建、扩建水泥厂，重点发展粤北（韶关、清远市）、粤西（云浮、肇庆市的山区）、粤东（梅州、惠州市的山区）三大水泥熟料基地。大力治理非金属矿物制品业特别是水泥、陶瓷行业的颗粒物污染。控制建筑施工、道路交通等扬尘污染。所有燃煤燃油电厂、工业锅炉要安装烟尘净化装置，规模以上、位于敏感区和严重影响人们生产生活的餐馆要安装油烟净化器。

### （三）全程监管，加强重金属污染综合防治

#### 1. 严格实施重金属污染分区防控

按照分区指导、分级防控的原则，划定三级重金属污染防控区，实施重金属污染分区防控的环境管理政策。一级防控区（重点防控区）要坚持治旧和控新并重的原则，重点加大落后产能淘汰力度，严格涉重金属污染行业的环评、土地和安全生产审批，严格控制增加重金属污染物排放的项目，强化对现有重金属排放企业的监管和治理，实施强制性清洁生产审核。二级防控区（优化调整区）要按照循序渐进、防治结合的原则，提高重点防控行业环保准入条件，加强现有重污染企业的清理整顿，逐步推动受重金属污染土壤的治理和修复。三级防控区要处理好开发建设与环境保护的关系，加强对矿山开采的环境保护力度，严格防范水源地和重要生态功能区的重金属污染风险。到2015年，全省重点防控区主要重金属污染物排放量比2007年降低15%，非重点防控区主要重金属污染物实现零增长。

#### 2. 严格重金属项目环境准入

优化涉重金属工矿区、产业园区和污染企业的布局，禁止在江河源头、饮用水源保护区、严格控制区内建设排放重金属污染物的项目。一级防控区（重点防控区）严格控制新增重金属污染物排放项目，建设排放重金属污染物的项目必须通过区域削减腾出排放总量，实现增产减污。严格执行重金属项目环境影响评价、环保“三同时”（同时设计、同时施工、同时投产使用）及后评估制度，加强电镀、化工、制革、有色金属矿采选冶炼等重点防控行业的产业发展规划和产业基地建设的环境影响评价工

作，强化涉重金属污染项目的环保验收，强化对涉重金属污染的上市公司的环境管理和后评估。

#### 3. 加大重点地区重点行业污染整治力度

加大重点防控行业落后产能和工艺设备的淘汰力度，坚决关停取缔淘汰类重污染企业。加大对重金属污染排放企业的整治力度，依法关闭并拆除饮用水源二级保护区内所有重金属污染排放企业。大力开展铅锌冶炼、有色金属采选冶炼、铅酸蓄电池企业废气污染治理，妥善处理处置含重金属危险废物。加大矿山污染综合整治力度，逐步解决各类尾矿库等历史遗留重金属污染问题。开展受重金属污染的典型工矿用地、农田及蔬菜基地土壤污染综合治理和修复示范。

#### 4. 提升重金属污染监管能力

加强重金属污染监管能力建设，重点提升一级防控区（重点防控区）内环境监测站的重金属污染监测能力，提高重金属污染事故应急处置能力，建立健全重金属污染预警应急体系。

### （四）提升能力，确保固体废物妥善处置

#### 1. 优先推进危险废物污染防治

加快推进区域危险废物安全处置体系建设，到2015年，全省危险废物处置能力达45万吨，重点监管单位危险废物基本得到安全处理处置。完善医疗废物无害化处置设施建设，升级改造不符合要求的设施，健全医疗废物处置设施监管体系。加快推进区域综合性废弃电子电器产品拆解利用设施建设，提高电子废物资源化利用水平。推进危险废物规范化管理，严格落实危险废物申报登记制度，建立健全管理台账上报制度和危险废物产生单位内部管理制度。加强对危险废物持证经营单位的监管，严禁无证经营和超范围经营。完善危险废物跨区转移机制，建立完善危险废物交换网络和转移监控网络，逐步对危险废物转移实施电子标签管理，到2015年，实现危险废物产生、转移、经营、处理和处置的全过程信息化管理。

#### 2. 大力加强污水处理厂污泥处置

因地制宜，加快污泥处置设施建设，重点推进各地市区污泥无害化处理处置体系建设，扩大其辐射范围至周边县、镇级污水处理厂，引导县、镇级污水处理厂开展污泥稳定化处理或脱水设施升级改造。珠江三角洲地区优先建设集中式污泥处置设施，粤东西北地区因地制宜推动污泥无害化

处置。到 2015 年，全省污泥基本实现无害化处理处置。加强对污泥处置的监管，实施污泥申报登记和转运联单制度，严格执行严控废物处理许可管理制度，防范二次污染风险。将污泥处置费用纳入污水处理成本，保障污泥处置资金投入，确保污泥得到安全处置。

**3. 强化工业固体废物污染防治**

加快各地工业固体废物处理处置体系建设，到 2015 年，除汕尾、潮州、云浮外，其余各市均建成完善的工业固体废物处理处置体系，全省工业固体废物年处置能力达 200 万吨。大力推进工矿企业实施清洁生产和资源循环利用，加强尾矿综合利用，2015 年全省工业固体废物综合利用率达 85% 以上。加强对现有工业固体废物贮存、处置设施的环境监管。切实推进进口废物加工利用园区化发展，实现集中治污、集中管理。

**4. 提高生活垃圾处理水平**

加快生活垃圾无害化处理设施的规划建设，重点推进县级垃圾处理设施建设，到 2015 年，全省各县实现生活垃圾无害化处理，全省城镇生活垃圾无害化处理率达 85% 以上。完善垃圾清运设施建设，探索建立城乡生活垃圾收运处理系统。加大垃圾分类收集的宣传力度，以广州、深圳市为试点，在珠江三角洲地区初步建立完善的垃圾分类收集体系。加强简易垃圾处理设施的升级改造，逐步停止简易填埋等不规范的生活垃圾处理方式。推进餐厨垃圾处理示范工程建设。

## （五）强化管理，不断改善声环境质量

要切实加强对各类噪音的管理，确保市区机动车禁鸣工作到位，减少运河内的船舶鸣号，减少社会性噪声和商业噪声，严格控制夜间建筑施工审批，切实提高固定声源达标率。

积极开展噪声达标功能区建设，不断扩大噪声达标功能区范围，提高功能区夜间噪声达标率。国家环境保护重点城市应在“十二五”期末全面达到声环境质量标准要求。加强交通噪声污染防治，严格实施禁鸣、限行、限速等措施，噪声敏感建筑物集中区域的道路两边应配置建设隔声屏障；强化施工噪声污染防治，严查施工噪声超标行为；严格控制生活噪声污染；深化工业噪声污染防治，依法关停、搬迁和治理噪声污染严重企业，查处工业企业噪声超标扰民行为。完善噪声污染监测监管体系，提升噪声污染执法监测能力，建立和完善声环境质量监测网络。

## 二、优化城乡发展，保持生态平衡

### （一）促进城市理性发展，建设和谐生态都市

正确的城市发展观念和建设方针，是解决城市环境问题的前提，这适用于世界上所有城市，我国自然也不能例外。

生态城市这一概念是在联合国教科文组织发起的“人与生物圈计划”研究过程中提出的。简而言之，生态城市就是与生态文明时代相适应的人类社会生活新的空间组织形式，即为一定地域空间内人与自然系统和谐、持续发展的人类住区，是人类住区（城乡）发展的高级阶段、高级形式。

建设生态城市，使经济发达、社会繁荣、生态环境保护三者高度和谐，技术和自然达到充分融合，环境清洁、优美、舒适，从而能最大限度地发挥人的创造力与生产力，这必将有利于提高城市文明程度的稳定、协调、持续发展。建设生态城市是遵循城市发展规律、顺应时代潮流的战略选择，是转变经济增长方式、推动区域经济可持续发展的客观需要，是保持和增强资源环境优势、提高城市竞争力的重要途径，也是提高人民生活质量、促进社会文明进步、体现科学发展观的必然要求。

改革开放以来，我国的许多城市以经济建设为中心，大力推进改革，实行全方位开放，国民经济持续、快速发展，积累了一定的物质基础，为生态城市建设时代的到来提供了必要的条件。许多城市在生态城市建设实践中也迈出了坚定的步伐，非常重视城市生态环境的改善和城市可持续发展能力的增强。

然而我们也必须看到，生态城市建设在我国还刚刚起步，可供借鉴的成功经验不是很多，并且不同的城市基础条件需要与之适应的特定发展模式，因此，研究城市发展规律，探索城市生态思想发展轨迹，总结生态城市建设的经验，对加快我国生态城市建设步伐将大有裨益。

#### 1. 生态城市创建原则

“生态城市”作为人类理想的人居环境，应当更明确、更全面地体现城市的本质，即宜人居住。生态城市应当是一个健康的、有机的社会，其中不仅人与自然和谐相处，而且人与人也和睦相处，每个市民在其中都能自由自在地生活，并得到充分的关怀，还有足够的机会实现个人的发展。

建设生态城市应该遵循以下原则：和谐性、高效性、持续性、整体性和区域性。

（1）和谐性。

和谐性是生态城市最本质的特征和最核心的内涵。和谐性既指经济、社会与环境发展的和谐，也指人与自然的和谐，同时还指人际关系的和谐。在生态城市中，人与自然和谐共生，人回归自然、贴近自然，自然融于城市：在经济发展的同时，环境得到有效保护，社会关系良性运行。在过去相当长的时间里，我们过多地强调了城市的经济性质和技术力量，不仅破坏了城市和人类赖以生存的自然环境，而且也使人类社会自身出现了异化和变态，换句话说，不仅人与自然的关系出现了紧张，而且人与人的关系也难以相融和睦，生态城市的宗旨正是要改变这种状况。从这个意义上讲，生态城市应该是“平衡的城市”，营造满足人类自身进化各种需求的环境，空气清新，环境优美，同时又充满人情味，文化气氛浓郁，拥有强有力的互帮互助的群体，富有生机和活力。生态城市不是一个仅用自然绿色点缀且社会混乱、缺乏生气的人类居所，而是一个充满关心和爱心、保护人、陶冶人的人居环境。

（2）高效性。

生态城市要改变现代城市高耗能、非循环的运行机制，提高一切资源的利用效率，物尽其用，人尽其才，各施其能，各得其所，物质、能量得到多层次的分级利用，废弃物循环再生，各行业、各部门之间的共生关系协调。有人提出“循环城市”的概念，就是指高效、循环或多层次利用能源和资源的城市。因此，在资源问题上讲，生态城市应该是“循环城市”。还有人提出了“清洁生产城市”，也是指城市经济的运行要实现高产出、低排放（个别行业和企业可实现“零排放”），高效、循环利用资源和能源。高效性要求生态城市在宏观上要形成合理的产业结构，发展节约资源和能源的生产方式，形成高效运行的生产系统和控制系统；在微观上要积极开发有利于环境健康的生产技术，设计出更为耐用和可维修的产品，最大限度地减少废弃物，并扩大物资的回收和再利用。

（3）持续性。

生态城市是以可持续发展思想为指导的，合理配置资源，公平地满足今世后代在发展和环境方面的需要，不因眼前的利益而用“掠夺”的方式促进城市的暂时繁荣，也不为自身的发展而破坏区域的生态环境。要保证城市发展的健康、协调、持续。持续性不仅是指城市发展要注意保护自然环境，要更多地使用可再生的资源和能源，而且要保证可再生资源和能源的自我更新能力，保持生态的多样性，保护一切自然资源和生命支持系统，不断提高环境质量和生活质量；同时，持续性还包括经济的持续发展和社会的良性运行，对于城市来说，没有经济的发展和社会的和谐，自然环境就失去了其“人本”的意义。从这个意义上讲，生态城市必须也必然是可持续发展的城市。

（4）整体性。

生态城市不是单纯追求环境优美，或经济的繁荣，而是兼顾社会、经济和环境三者的整体效益，不仅重视经济发展与生态环境的协调，更注重对人类生活质量的提高，是在整体协调的新秩序下寻求发展。一个方面的生态化不是生态城市，整体的生态化才能称为生态城市。

（5）区域性。

区域性具有两方面的含义，一是指生态城市本身不同于传统意义上的城市（建成区），而是一种城乡结合的城市，是一种“区域城市”；二是指生态城市必须融入区域之中，孤立的生态城市是无法长久实现生态化的。区域是城市生态系统运行的基础和依托，离开区域的自然和人文支持，城市就成了封闭的“孤岛”，城市与外界的物质、能量、人口、信息和文化等方面的交流就没有了畅通的渠道，城市生态系统的新陈代谢就难以进行，这样的城市是不可能实现生态化的。

生态城市是以人与人、人与自然和谐为价值取向的，广义而言，要实现这一目标，需要全球、全人类的合作，“地球村”的概念就道出了当今世界不再孤立、分离的关系。因为我们只有一个地球，是地球村的主人，为保护人类生活的环境及其自身的生存发展，全球必须加强合作，共享技术与资源。全球性映衬出生态城市是具有全人类意义的共同财富，是全世界人民的共同目标。当然，全球性并不是指全世界都按照一个模式去建设生态城市，而是指按照生态原则去发展符合当地、本民族特点的、富有个性的城市。

**2. 生态城市建设保障**

从法制、道德与教育的关系看，三者具有相互影响、相互渗透、相互补充和相互促进的辩证关系。20 世纪 60 年代兴起的环境保护运动要求摒弃传统的人类中心主义价值观，确立人类与自然和谐发展的价值取向，20

世纪90年代，环境教育的内容迈向可持续发展。环境道德的兴起和发展成为推动环境法发展的重要力量，环境伦理的构建促使作为行为主体的人类更多地认识到其对自然的权利和责任，从而促进了人类教育、法律和道德方面的变革。

（1）法制保障。

《中国21世纪议程》指出："与可持续发展有关的立法的实施是把可持续发展战略付诸实现的重要保障。"目前，在以法律手段促进可持续发展方面，我国法律生态化趋势日益明显。例如，在人口控制方面，实施了《人口与计划生育法》，将为以人为本的可持续发展营造一个更好的人口环境。在推行清洁生产方面，实施了《清洁生产促进法》，对企业防治污染实施全程监控。在环境影响评价方面，实施了《环境影响评价法》，从源头上预防因规划和建设项目的实施对环境造成的不良影响。作为可持续发展战略的重要组成部分，生态城市建设是由公众发挥主观能动性进行的一种活动，要使这种活动有序高效地开展，就必须发挥法律作为一种普遍适用的、有约束力的社会规范对人们活动所产生的指引、评价、预测、强制和教育的功能。生态城市建设的长期性需要法治，法律的稳定性使生态城市建设得以法定化、制度化的运行，如果制度缺乏稳定性、统一性和连续性，就难以建设生态城市。因此，要提高对生态城市建设法治重要性的认识。

作为一个发展中国家，改变法制不完善与执法不严格的现状对我国是一项长期的艰巨任务。如果生态城市建设的相关法律得不到贯彻执行，必然削弱人们对法律的信仰及其法治意识。实践证明，制定得再好的法律如果得不到有效实施，反而会极大地影响法律在社会中的权威性和削弱公众的法治意识。促进生态城市建设的法治化，既要创制科学的保障生态城市建设的法律体系，更要强调民主和法律的权威，严格执法，形成良好的法治氛围和环境道德风尚。随着我国的经济发展与科技进步，公众对生活质量的要求不断提高，我国的环境立法正在不断完善，法律责任不断强化，法律的可操作性和执法力度逐步增强，环境标准将日趋严格，行政执法和司法将不断严格与公正，生态环境质量将逐步改善。

（2）道德风尚保障。

良好的环境道德风尚是保护生态环境、促进环境法制建设和实现可持续发展的根本途径。《中国21世纪议程》将"建立与自然相互和谐的新行为规范”即环境道德，作为21世纪国民道德建设的重要内容和任务。自1996年《全国环境宣传教育行动纲要（1996—2010年）》中提出创建“绿色学校”活动的倡议以来，全国许多中小学和环保、教育部门积极行动，通过创建“绿色学校”活动的开展，促进了环境保护和可持续发展意识的传播。该纲要明确提出“环境教育是提高全民族思想道德素质和科学文化素质的基本手段之一。环境教育的内容包括：环境科学知识、环境法律法规和环境道德伦理知识”。保护环境，在全社会形成可持续发展价值共识，是推动可持续发展战略的关键。生态城市的建设主要由物质建设和精神建设两个方面组成，同时，离不开环境道德、生态文化、生态文明的建设。应该始终将生态道德建设放在突出的地位，加强环境宣传教育，用各种方式引导人们保护环境、改善生态、热爱自然、合理利用资源，自觉地将环保意识和行动融入生态城市建设之中。

（3）环境教育保障。

目前，可持续发展战略已贯穿于我国社会经济发展的各个领域，环境保护方式不断创新，环境管理手段日趋多样化，除了行政、法律、经济等硬手段外，道义感召、舆论压力、环境教育等软手段正起着越来越重要的作用。可持续发展的关键问题是生态环境保护，而环境保护大计，应以环境教育为本。在生态城市建设过程中，通过加快环境教育体系的建设，将政府、社会组织、企业、公众等力量加以整合，使推动可持续发展的力量由政府主导型向社会主导型、由外部推动型向内部自主型方向转变，最终真正促进我国社会经济环境的可持续发展，是一项紧迫而重大的现实任务。我国应投入20到30年的时间，在全社会开展深入持久的绿色文明教育，加强包括将生态文明在内的精神文明建设，多层次、宽领域、多形式培养全民生态意识、生态伦理和社会公德，改变不可持续的生产、生活和消费模式，激发社会公众主体的自发力量推动可持续发展战略的实施。可从学校教育、职业教育和社区教育三方面建构全民终生绿色教育体系，对不同年龄、职业、层次的人员广泛、深入、持久地开展环境教育，充分发挥全社会主体进行生态环境保护和建设的巨大潜力。

## （二）加强农村生态保护，构建生态安全屏障

### 1. 城乡统筹，提高农村环境保护水平

（1）建立农村环境保护统筹协调机制。

建立部门联动机制，明确相关部门的职责，加强农村环境管理的统筹规划、综合治理。进一步完善农村环境保护目标责任制，探索将农村环境保护纳入政府目标责任范围。加强农村环境监测和监察能力建设，提升农村环境监管水平。

（2）加强农村饮用水源保护。

全面开展农村集中式饮用水水源地基础环境状况调查和评估，逐步建立水质监测制度。积极推进农村集中式饮用水水源保护区划定工作，逐步减少农村饮用水水源地（点）数量，实行集中保护；扩大城镇市政统一供水范围，珠江三角洲地区农村原则上全部纳入城镇统一供水范围。强化农村饮用水源地环境监管，加大对农村饮用水源水质安全隐患的排查力度，依法取缔饮用水水源保护区内的排污口，提高农村饮用水安全保障水平。

（3）强化农村重点环境问题整治。

大力实施农村环保“以奖促治”政策，重点解决生活污水、生活垃圾、畜禽养殖、遗留工矿污染等突出环境问题，以点带面，加快推进农村环境连片整治建设，力争到2015年，全省完成村庄连片整治示范项目50个以上。提升农村环境基础设施建设水平，广州、深圳、珠海、佛山、东莞、中山等市要逐步按市辖区的标准，加快农村环境基础设施建设；其他地区要因地制宜加强农村垃圾、污水收集处理系统建设。

（4）深入推进生态示范创建工作。

加强农村生态文明建设，深入推进省级生态村镇创建工作，大力开展国家级生态市、生态乡镇、生态村、生态社区的建设，积极推进深圳、珠海、佛山、韶关、中山等市的生态文明建设试点工作。加快制订生态建设示范区申报管理办法，进一步规范生态示范区创建工作。完善生态示范创建激励机制，鼓励已设立的财政专项资金对生态村镇实行“以奖代补”。力争到2015年，全省新建成省级以上生态乡镇50个以上、省级以上生态村100个以上。

（5）加快推进规模化畜禽养殖污染防治。

大力推进规模化畜禽养殖污染减排，将规模化畜禽养殖治理作为氨氮等污染物减排的重要手段之一，大幅度削减氨氮排放。依法开展禁养区划分，优化畜禽养殖业总体布局。新（扩、改）建规模化畜禽养殖场（区）应严格执行环境影响评价和环保“三同时”制度，依法办理排污申报登记。全面开展全省禁养区内畜禽养殖场（区）清理整顿工作。以规模化养殖场和养殖小区为重点，鼓励养殖小区建设、完善养殖场雨污分离污水收集系统，推广干清粪工艺，推进有机肥和沼气的生产利用。到2015年，力争全省规模化养殖场（区）废弃物资源利用率达90%以上。

（6）积极防治农业面源污染。

农村面源污染是指农村地区在农业生产和居民生活过程中产生的、未经合理处置的污染物对水体、土壤和空气及农产品造成的污染，具有位置、途径、数量不确定，随机性大，发布范围广，防治难度大等特点。防治农业面源污染，需要加强农业管理，科学调整农业产业结构，促进农业生产物质的循环利用，推动传统农业向现代农业转变。引导和鼓励农民使用生物农药或高效、低毒、低残留农药，积极推进测土配方施肥，大力推广节药、节肥技术，调整优化用肥结构，减少化肥、农药用量。推广使用可降解塑料薄膜，改进农膜使用技术，减少农膜对土壤的危害。推进绿色食品和有机食品基地建设，大力开展环保产品认证工作，鼓励发展无公害食品、绿色食品和有机食品。

**2. 试点示范，强化土壤环境保护**

（1）建立完善土壤污染防治技术及制度。

开展土壤污染风险评价技术研究及污染土壤修复技术导则的编制工作，研究出台土壤污染防治扶持政策及技术规范，探索制订与广东省土壤环境质量相适应的相关地方标准，建立土壤环境质量评估与样品备案制度，逐步建立土壤污染风险评估和污染土壤修复制度。开展土壤环境功能区划定工作，明确土壤分区控制、利用和保护政策。

（2）加强土壤污染防治。

严格控制农业区和农产品产地周边的工业点源，防止废气、废水和固体废弃物对农用土壤造成污染，禁止主要粮食产地和蔬菜基地采用污水灌溉。加强城市和工矿企业场地污染环境监管，建立企业搬迁遗留场地和城市改造场地污染评估制度，将建设场地环境风险评价内容纳入建设项目环境影响评价制度，禁止未经评估和未经无害化治理的污染场地进行土地流转和二次开发。

（3）积极开展受污染土壤的治理修复。

以全省粮食主产区、瓜果和蔬菜产地等为重点开展土壤污染调查及风险评估。在全省选取典型工业区、重点污染企业周边和受重金属污染的农田土壤，重点开展受镉、铅等重金属污染土壤的生态修复技术示范。责任主体不清的受污染场地由所在地政府负责治理修复。逐步建立农产品产地土壤分级管理利用制度，分类型制定实施土壤污染管理政策，对土壤污染严重、不适宜种植养殖的土地，依法调整土地用途，提高农产品安全保障水平。

**3. 保育结合，构筑生态安全格局**

（1）强化自然生态建设。

依托自然山体、河流、农田湿地等绿色区域，规划建设大型区域绿地，保留绿色开敞空间，通过河网水系、道路防护林带和农田林网相互连接，形成科学合理的生态空间格局。强化以粤北南岭山区、粤东凤凰—莲花山区、粤西云雾山区、珠江三角洲环状连绵山体为骨架的生态屏障建设，到2015年全省森林覆盖率达58%，森林蓄积量达5.51亿立方米。重点加强南岭山区重点水源涵养区生态保护，加大生态公益林建设力度，2015年生态公益林占林业用地面积的比例提高到40%以上。加强西江、北江、东江、韩江等水系生态廊道的生态保护，加大水土流失治理力度，推进坡度大于25度的地区退耕还林还草。到2015年，水源涵养区水土流失治理率达90%以上，主干道两侧山地绿化率达90%以上。大力加强沿海滩涂红树林、沿海基干林带及沿海地区纵深防护林建设，全面提高沿海防护林整体建设水平。重点保护珊瑚礁、红树林、海草场等典型的近海及海岸湿地生态系统，遏制近海及海岸生态环境恶化和海洋生物资源衰退。

（2）提升自然保护区建设水平和质量。

优化自然保护区结构和空间布局，加强红树林湿地、河口、三角洲湿地、国际候鸟迁徙停歇越冬栖息地、地质遗迹自然保护区的建设。完善自然保护区管理体系和省级自然保护区信息管理系统。加强自然保护区基础设施建设和管护队伍建设，提高自然保护区管理能力，逐步实现从数量规模型向质量效益型的转变。引导自然保护区内及周边地区群众积极参与自然保护区管护，开展区域共管。到2015年，新建或升级国家级自然保护区8个，自然保护区陆域面积占全省陆域面积的比例达7%。

（3）加强资源开发的环境监管。

禁止新建、改建、扩建对生态环境和农产品安全产生不可恢复的破坏性影响的矿产资源开发项目；禁止开展土法采选冶金矿和土法冶炼汞、砷、铅、锌、硫、钒等矿产资源开发活动。提高资源开发环境准入条件，严格落实新（扩、改）建项目环境影响评价制度和环保“三同时”制度，新开发矿山必须编制矿山地质环境保护与治理恢复方案，建立矿山环境恢复治理保证金制度，督促矿山履行环境恢复治理义务。严格落实生态功能区分区管理制度，在自然保护区、饮用水水源保护区等区域依法限制资源开发活动，禁止违反矿产资源规划、在具有生态环境保护功能的区域开展与资源和环境保护功能不相符合的勘探开采活动。大力开展矿产开发生态环境监察，督促企业落实生态保护与恢复责任，规范矿产开发行为，切实保护生态环境。

## 三、强化风险防控，确保环境安全

### （一）强化重点污染源风险防控

加强对重点污染源的监督管理，规范重点污染源企业内部环境管理，督促企业建立污染物排放台账，强化达标排放，建立完善的应急预案和应急管理体系，提升企业环境自律水平。建立对重点污染源的巡查制度，加大对其现场环境安全检查频次。继续实施企业环保信用管理制度，定期开展污染源排放情况评估，并向社会公告，接受社会监督。充分发挥行业协会等社会团体对企业污染防治的监督引导作用，促进企业持续改进自身环境管理。持续开展环境安全检查，重点排查饮用水源保护区、沿江沿河和人口密集区的石油、化工、冶炼等企业，消除环境隐患。深入开展环保行政执法监督检查，严厉打击各类环境违法行为，对污染排放不能稳定达标的企业，综合运用法律、经济、科技、行政等手段，督促其提高生产工艺，加强治污设施建设，实现稳定达标排放。

### （二）保障核与辐射环境安全

规范放射性和电磁辐射装置的相关环保申报登记和许可证发放程序，建立核与辐射应急预案动态信息系统。在保持国控点网正常运行的基础上，加强辐射监测网络建设，逐步建成覆盖全省的辐射自动监测网络，推进核与辐射环境监测的自动化和数字信息的网络化。在省内重点核设施和重点河流、水库、湖泊开展放射性水平监测，在重点地区开展土壤、生物放射性水平调查，逐步建立重点区域辐射环境监测网络，提高全省辐射环境监测实时预报、实时监管水平。完善以核电站事故应急为主，涵盖核与辐射事故应急、反核与辐射恐怖袭击的核应急管理机制，确保在运和在建核电项目安全；加强核设施低中放射性固体废物处置场运行安全管理，确保乏燃料和放射性废物运输与处置安全。加大实施历史遗留的伴生放射性矿治理力度，到2015年，完成粤北伴生放射性尾矿库地表处置场所建设。加快推进放射性废物和废物源暂存库迁建，确保放射性废源（废物）100%收储。

### （三）加强环境风险应急管理

#### 1. 完善环境风险管理措施

全面调查与综合评估重点环境风险源和环境敏感点，摸清环境风险的高发区域和敏感行业，建立环境风险源分类档案和信息数据库。制订环境风险评估规范，完善环境风险防范相关政策、标准和工程建设规范，把环境风险防范纳入环境管理体系，将环境风险防范作为环评审批和环保“三同时”验收的重要内容。

#### 2. 强化环境风险监管

完善政策措施，建立高风险、重污染企业退出制度。利用信息网络和电子标识系统等手段，对危险化学品、危险废物等高环境风险物资的存储、运输、使用实施全过程监控，完善环境安全风险管理制度。建立企业特征污染物监测报告制度、突发环境事件报告和应急处置制度，切实加强企业防范突发环境事件能力。对重点风险源、环境敏感区域定期进行专项检查，对存在环境安全隐患的高风险企业限期整改或搬迁，不具备整改条件的，要坚决予以关停。

#### 3. 完善环境风险应急响应体系

健全政府主导、部门协调、分级负责、属地为主、全社会共同参与的环境应急管理机制，制订完善环境应急预案，建立企业、部门应急预案报备制度，健全环境污染事故预警体系。加强环境污染事故预警和应急处置能力建设，加强省、市环境应急指挥体系建设，按照国家环境应急标准化建设要求，加强机构和队伍建设，配置环境应急相关装备。

## 四、群策群力，应对全球环境变化

生态破坏的全球性折射出的原理是“蝴蝶效应”。所谓蝴蝶效应，是指在一个动力系统中，初始条件下微小的变化能带动整个系统的长期的巨大的连锁反应。对于这个效应最常见的阐述是爱德华·罗伦兹的混沌理论："一个蝴蝶在巴西轻拍翅膀，可以导致一个月后德克萨斯州的一场龙卷风。"现在很多学者将蝴蝶效应广泛应用到生态领域，说明生态破坏是全世界各个国家共同的悲剧，是栖息在地球上的每个人难逃的厄运。地球是人类共同的家园，国家有明确的边界，但空气、水、土壤、能源等生态资源却没有边界，生态资源的公共性决定了生态一旦破坏，就会带来无法预料的后果。一个国家和地区出现的环境恶化和生态灾难，不仅影响该国和地区的生存与发展，并且有可能危及其他国家和地区。随着全球一体化进程的加速，在全球责任的话语诉求下，我国生态文明建设必然成为人类环境史上一个重要篇章，关乎本国利益，关乎全世界和全人类的利益。

20 世纪以来，生态破坏的典型事例有震惊全世界的"八大公害事件"：1930 年 12 月比利时马斯河谷工业区由于排出有害气体在近地层积累，导致 60 多人死亡；1948 年 10 月美国宾夕法尼亚州多诺拉镇由于二氧化硫污染致害的多诺拉事件；40 年代初期由于汽车排出的废气对环境的污染形成的美国洛杉矶光化学烟雾事件；1952 年 12 月英国发生的伦敦烟雾事件；50 年代发生在日本因重金属污染导致的水俣病、新潟水俣病和富山骨痛病事件；60 年代，日本又发生了大气污染造成的四日市哮喘事件和氯联苯污染造成的"米糠油"事件。这些生态破坏的事件警醒了当时的人类，唤醒了公众的生态意识，一些大学生纷纷抗议，率先扬起保护环境的旗帜，启发了生态伦理学的萌生，也开启了世界性的环境保护运动。

1970 年"地球日"诞生，"地球日"活动成为有史以来第一次规模宏大的群众自发性环保运动，并逐步形成全球性的民间绿色运动的浪潮；1971 年 9 月 15 日，一位名叫戴维·麦格塔格的加拿大工程师发起成立的"国际绿色和平组织"，其后成为一个国际性的环境保护民间组织；1972 年 6 月 5 日，第一次联合国环境会议在瑞典斯德哥尔摩举行，会议通过了《人类环境宣言》，把每年 6 月 5 日定为"世界环境日"，并为每年的"世界环境日"设定一个主题，在采取共同行动保护环境上迈出了第一步；1972 年 12 月 15 日联合国大会做出建立环境规划署建议，并于 1973 年正式成立；1982 年 5 月 10 日至 18 日，联合国环境规划署在肯尼亚首都内罗毕召开特别会议，会后发表了著名的《内罗毕宣言》，极大地促进了环境保护的全球一体化进程；1992 年 6 月 3 日至 14 日，联合国环境与发展大会在巴西里约热内卢举行，提出“可持续发展”观念，通过了《21世纪议程》，标志世界环境保护事业走入成熟期。与此同时，一些国家成立了绿党，从而使环境问题上升到政府决策的高度。如美国绿党、联邦德国绿党、瑞典绿党、日本绿党相继于1973年、1980年、1981年、1983年成立，成为政府行为中具有较大影响力的政党。

由于20世纪70年代以来，西方国家普遍成立了环境保护的政府组织，制定了关法律，开始了全球性保护环境的行动，发达国家的环境质量有所改善。然而，到了20世纪80年代末，人们开始发现，虽然西方发达国家的环境污染问题基本得到解决，但全球环境状况却越来越恶化，广大发展中国家的环境污染问题日益严重。1995年，世界观察研究所在对世界环境进行十二年的跟踪调查后指出，“地球正在变成一个悲惨世界”。1997年1月27日，联合国发表《全球环境展望》，指出全球环境继续恶化。生态问题成为混杂着众多因素炙手可热的“问题复合体”。

面对全球生态问题的日益恶化，人们似乎觉得手足无措，究竟该怎么办？蕾切尔·卡逊在其具有里程碑意义的名著《寂静的春天》中，为人们寻找答案提供了一个新思路，她说：“现在，我们正站在两条道路的交叉口上，这两条道路完全不一样……我们长期以来一直行驶的这条道路使人容易错认为是一条舒适的、平坦的超级公路，我们能在上面高速前进。实际上，在这条路的终点却有灾难等待着。这条路的另一条岔路——一条很少有人走的岔路——为我们提供了最后唯一的机会让我们保住我们的地球。”卡逊在这里所说的舒适的路，即我们习以为常的工业文明所坚持的经济无限增长，最后引起生态危机的灾难之路；而她所说的另一条路，就是人类唯一可选择的保住地球环境的生态文明之路。

## （一）发展低碳经济，应对全球气候变化

气候变化是人类社会可持续发展面临的重大挑战。为贯彻落实党中央、国务院积极应对气候变化和推动低碳发展的决策部署，全面加强应对气候变化能力建设，广东省努力当好推动科学发展、促进社会和谐的排头兵，制订应对全球气候变化的方案。

### 1. 面临挑战

（1）在减缓气候变化方面，广东省仍处于经济社会快速发展的阶段，温室气体排放仍将继续增加。

——能源资源缺乏，粗放式经济发展方式尚未得到根本转变。广东省经济发展仍然是主要依靠生产要素和资源投入的粗放式发展，造成了能源资源大量消耗。2009 年全省一次能源消费量为 1.97 亿吨标煤，比 2005 年增长 50.4%，其中原煤、原油、电力、天然气的比重分别为 45.4∶26.9∶20.1∶7.6，化石能源依然占主体。

——区域发展不平衡，改善民生和发展经济的任务依然艰巨。2009 年，占全省土地面积 30.4% 的珠江三角洲地区 GDP 占全省比重达 79.5%，而占全省面积 69.6% 的粤东西北地区 GDP 占全省比重仅为 21.5%，珠江三角洲地区的人均 GDP 约为粤东西北地区的 4 倍。

——节能空间有限，成本压力加大。“十一五”时期，广东省已经关停淘汰了大部分钢铁、水泥、小火电等落后产能，再通过“上大压小”、淘汰落后产能实现节能，空间十分有限。目前，广东单位 GDP 能耗仅次于以城市经济为主的北京市，继续下降的难度非常大。“十二五”时期，预计广东省节能降耗将由主要依靠淘汰落后产能、技术改造转向依靠产业结构调整、技术创新与应用。但随着广东省经济发展适度重型化，技术创新与应用的成本将进一步增加。

（2）在适应气候变化方面，广东省属于自然生态约束较大和气象灾害频发的省份，缓解气候变化不利影响的难度大。

——自然生态约束成为经济快速发展的瓶颈。增强自然界对温室气体的吸收能力是适应气候变化的重要方面，但经济的快速发展不可避免地带来对自然生态的破坏。广东省植树造林、退耕还林和湿地恢复等保护培育自然生态工作的力度有待加强。

——对农业生产提出更高的要求。广东省人均耕地少，对农业的质量效益要求更高。气候变化要求农业发展必须合理调整生产布局和结构，改善生产条件，才能有效减少病虫害流行，防止潜在荒漠化趋势，确保生产持续稳定。

——气象防灾减灾难度不断加大。广东省易受台风等气象灾害影响，气候变化又增加了极端气候事件发生的频率。广东省沿海防护海潮工程建设标准较低，抵御海洋气象灾害能力较弱，对气象灾害的应急响应能力有待提高，必须进一步增强应对极端天气和气象灾害的综合监测、预警、防灾和减灾能力。

**2. 重点任务**

(1) 减缓温室气体排放方面。

①加快转变经济发展方式。

——建设现代产业体系。优先发展金融、物流、信息服务、科技服务、外包服务、总部经济、商务会展、文化创意以及旅游等现代服务业，加快发展装备、汽车、石化、钢铁、船舶等先进制造业，改造提升家用电器、食品、造纸、纺织服装、建材、有色金属及制品、家具等优势传统产业，积极发展现代农业。重点发展高端新型电子信息、半导体照明、电动汽车、太阳能光伏、核电装备、风电、生物医药、新材料、节能环保、航空航天、海洋等战略性新兴产业。加快推进现代产业500强项目建设。到2015年，全省服务业增加值占GDP比重超过50%，现代服务业、先进制造业、战略性新兴产业增加值占GDP比重分别达到30%、22%、10%。

——加快淘汰落后生产能力。按照国家和省关于淘汰落后产能的工作部署和要求，对列入淘汰范围的落后产能，综合运用土地、环保、安全生产、市场准入等多种手段，促使其加快退出步伐。对电力、钢铁、水泥等行业积极实施“上大压小”等政策，完善财政补贴和差别电价政策。

——严格控制工农业生产温室气体排放量。尽量减少生产过程中产生大量温室气体的水泥、石灰、钢材、电石等产品的使用量，鼓励采用可再生替代材料，加快研究制定相关技术标准，提升替代材料质量。进一步推广散装水泥，加快新型墙体材料的技术改造和新产品开发。进一步推动硝酸、己二酸等生产企业开展技术改造，实现有机肥与化肥配合施用，减少氧化亚氮排放。培育和推广甲烷排放量低且高产的水稻品种，推广有效抑制农业生产甲烷排放的先进技术。

——加强废弃物处理。加快制修订废弃物处理标准，进一步完善废弃物分类、收集和处理体系，严格执行废弃物强制回收制度，推动废弃物循环利用，提高工业废渣、废水、废气的综合利用率。鼓励发展符合国家政策的资源综合利用项目，推动垃圾发电、余热利用发电等工程建设，着力推进污泥资源化项目的产业化运作。加快污水处理配套管网的建设和改造，合理规划建设危险废物处理处置设施和城镇生活垃圾无害化处理设施。

②大力推进节能工作。

——加强节能制度创新和机制建设。不断完善节能目标责任评价考核制度和能耗信息发布制度，制定和实施长期性节能预警调控机制，推动地方政府和企业加强节能工作。推行合同能源管理，促进节能服务产业化，为企业实施节能改造提供诊断、设计、融资、改造、运行、管理一条龙服务。完善节能标准体系，大力推动节能产品认证和能效标识管理制度的实施。运用市场机制，大力推广新型节能产品、材料和技术。科学规划电力工业布局，统筹各类电源及电网规划建设，提高电网输、供电效率。继续做好节能发电调度试点工作。加强能源管理与能效分析研究，开发辅助能效监测、能效优化的数据库和仿真系统。

——抓好重点领域节能。在工业领域，实施重点耗能企业“双千节能行动”，落实企业节能目标责任制，突出抓好冶金、建材、石化、制浆和造纸等重点耗能行业和企业节能工作。在建筑领域，继续推广节能省地型建筑、绿色建筑和低能耗建筑，强化新建建筑执行建筑节能标准全过程的监督管理，积极推进可再生能源在建筑中的广泛应用，加强机关办公建筑和大型公共建筑的用能管理，逐步推进既有建筑节能改造。在交通运输领域，优先发展城市公共交通，加快推进珠江三角洲地区城际轨道交通网建设和内河联运，大力推广节能环保型汽车和新能源汽车。继续实施十大节能重点工程，发挥政府机构在节能中的表率作用。

③积极优化能源结构。

——规模化发展核电。加快推进岭澳核电二期工程（2×100 万千瓦）、阳江核电（6×108 万千瓦）、台山核电一期工程（2×175 万千瓦）建设，确保 2010—2011 年建成投产岭澳核电二期工程，2017 年前建成阳江核电、台山核电一期工程。积极推进陆丰核电、韶关核电、台山核电二期项目建设前期工作，争取在“十二五”开工建设。有序推进惠来乌屿核电等后续核电项目前期准备工作。

——大力发展风电。近期重点发展沿海陆上风电，“十二五”期间基本完成省内陆上风能资源丰富地区的风电开发；加快推进海上风电开发建设。

——积极开发利用太阳能。加快推广光伏发电应用，实施太阳能屋顶计划，在条件较好的大中城市推进太阳能屋顶、光伏幕墙等光电建筑一体化工程。在农村及偏远地区逐步推广光伏、风光互补、水光互补发电。扩大太阳能热水器在医院、学校、宾馆、工厂宿舍等城镇集体用户的应用比例，提高农村地区太阳能热水器普及率。逐步推广太阳能光热系统在工业、农业等生产领域的应用。

——适度发展生物质能。结合畜禽养殖场、城市污水处理和工业有机废水处理，建设沼气利用工程，合理布局建设一批高环保标准的垃圾发电项目，在具备条件的大中型垃圾填埋场建设沼气利用工程和发电装置。在生物质燃料比较丰富的粤西、粤北地区，建设规模适度的生物质发电项目。加强海洋生物质能的研发利用。在湛江、肇庆建设利用当地木薯、甘蔗等资源为原料的生物燃料乙醇试点项目。在部分具备条件的粤东西北地区村镇建设小型生物质气化发电示范工程。

——因地制宜发展农村新能源。在具备条件的地区积极发展沼气、小水电等可再生能源，完善农村新能源技术服务体系，推进农村能源清洁化和现代化。在农村推广使用太阳灶、生物质能炉具等清洁能源设施。扶持山区种植生物质能源作物，培育生物柴油原料基地，推进广东省生物质液体燃料加工产业化发展。在具备条件的地区，开展绿色能源县、绿色能源乡建设。

——培育发展其他新兴能源。因地制宜，合理推广地源热泵技术，研究开发利用浅层地热资源供热、制冷，在地热资源条件较好的地区建设小型中低温地热发电站试验工程。加快开发利用海洋能，开展关键技术研究，在海洋能资源丰富地区建设海洋能大型并网电力系统示范项目。加强对广东省周边海域天然气水合物资源勘查，推进深海天然气水合物利用关键技术研究开发，力争早日实现规模化开采和商业利用。推进氢能开发利用研究。

——优化发展火电。继续实施“上大压小”政策，规划新建燃煤火电厂原则上采用大容量、高参数、低能耗发电机组。统筹推进全省热电冷联产和包括整体煤气化联合循环发电（IGCC）在内的清洁煤发电项目建设，除上述两类项目外，珠江三角洲地区不再规划布点新建燃煤燃油电厂。

④大力增加自然界的碳汇能力。

——加大植树造林力度。不断增加森林面积，大力保护、培育和合理利用森林资源，进一步完善现代林业产权制度。加快建设水源涵养林及水土保护林、沿海防护林及红树林、农田林网、城市林业及森林公园，推进森林生态监测及科技创新示范。

——大力发展海洋牧场模式的海洋碳汇经济。继续在沿海建设人工鱼礁，修复海洋生态环境，增加区域内浮游植物含量，为海洋生物繁殖、生长、栖息提供良好条件，有效增加海洋固碳能力。开展海洋生态固碳机理研究，建设重点海域固碳示范区。

⑤务实开展国家低碳省试点。

按照国家发展改革委关于开国家低碳省区试点工作的要求，紧紧围绕加快转变经济发展方式这一主线，不断完善控制温室气体排放的体制机制，加快形成以低碳产业为核心，以低碳技术为支撑，以低碳能源、低碳交通、低碳建筑和低碳生活为基础的低碳发展新格局，为全国低碳发展探索经验并发挥示范作用。

（2）适应气候变化方面。

①发展高效现代农业。

——适时调整农作物布局。加强适应气候变化的农业发展战略研究，根据气候变化趋势，提出农业生产布局和结构调整方案。针对未来气候变化对农业的可能影响，有计划地培育和选用具备抗旱、抗涝、抗高温等特性的农作物新品种，保障高产、优质、高效、生态、安全的农业产出。

——改善农业基础设施和条件。加强农业排灌工程设施更新改造，继续推进中小型灌区试点工作，大力发展节水农业。强化综合防治自然灾害工程设施建设，加强农田水利建设。建立健全现代农业生产综合保障体系，加快发展具有竞争优势和岭南特色的生态型效益农业。结合海洋能利用、防灾减灾体系建设，加快标准渔港建设。

②加强生态保护和建设。

——保护重要生态系统。保护森林、海洋、湿地三大典型生态系统，重点加强珊瑚礁、海草床等海洋生态系统和红树林湿地生态系统的保护和修复。加强重点湿地的资源调查，编制重点湿地保护规划和重点湿地名录。加强自然保护区建设。加强南海伏季休渔，积极开展放生节活动。

——积极推进绿道网建设。遵循生态化的要求，充分利用生态自然条件和要素，建设集生态、环保、教育和休闲等多种功能于一体的绿道网。在珠三角地区率先建成区域绿道，并将绿道网向省内东西北地区延伸，促进宜居城乡建设。

③优化和合理利用水资源。

——加强水资源保护。做好水土保持工作，预防和治理水土流失。制订水源地建设和保护规划，保护西江、北江、东江和韩江干流及其出海水道，保护大中型水库等重点水源地。强化水污染防治，严格控制工业污染源和农业面源污染。

——大力建设节水型社会。实行用水总量控制，制订主要江河水量分配方案，综合利用地表水、地下水、空中云水和再生水，优化水资源的流域、区域及行业配置。实行用水定额管理，确定各行政区、行业、部门和单位用水量指标。发展节水型农业、工业，推动公共建筑、生活小区、住宅节水和再生水利用设施建设。全面推进水价改革，加快推进超计划、超定额用水累进加价机制。

——提高水资源利用效率。加强节水技术的研发与推广力度，挖掘节水潜力。加快发展海水利用产业，积极构建海水利用的技术支撑体系，实施一批产学研示范工程，建设省海水利用工程综合示范区和国家级海水利用产业化南方基地。

④加强气象防灾减灾体系建设。

——提高气象灾害监测、预报、预警和防御能力。完善极端气象灾害的应急预案以及多灾种早期协调预警机制，完善部门联合、上下联动、区域联防的防灾机制，提高应对极端气象灾害的综合监测预警能力和抵御能力。进一步发展天气雷达、精细化数值预报以及地基自动观测的融合技术，建立各类气象灾害的中短期无缝预警和预报系统。加快建设极端气候事件预警信息发布系统，扩大公共预警信息服务覆盖面。建立完善海洋灾害风险评估系统、海洋环境立体观测网络和现代化海洋环境数值预报业务系统，做好海洋灾害区划工作。

——加强气象防灾减灾基础设施建设。大力推进城市防洪、江海堤围达标和大中型水库除险加固等城乡水利防灾减灾工程建设。以提高城市和主要江河堤围防洪标准为重点，加快完善地级以上市城区、县城城区防洪排涝工程。重新核定广东省沿海风暴潮防潮警戒潮位，修订现行海堤标准，逐步加固加高海堤，加强对现有海堤的管理与保护。建设近岸水下挡水坝、防冲丁坝、潜坝等工程，固滩保堤，防止海潮冲蚀海岸。在城市地面沉降地区建立高标准防洪、防潮墙和堤岸，完善城市排污系统，提高排水口高程。

⑤降低气候变化对人体健康的危害。

——完善气候变化与人体健康联动的监测系统。加强高温、低温、灰霾和酸雨等与人体健康相关的天气变化和极端气候事件的监测、预警，实时、详细、系统地预报其对人体健康的危害。及时分析、研究气候变化对人体健康的影响和危害，加强对气候变化引起的呼吸道疾病、肿瘤等疾病的监测工作。

——完善气候变化导致的突发卫生事件的应急处置。开展气候变化对人体健康的风险评估，制定气候变化对人体健康影响的风险级别。建立健全气候变化对人体健康危害的应急预案，提高抵御风险和应急处置突发卫生事件的能力。

## （二）控制氟氯碳化物，减缓臭氧层破坏

臭氧层是指大气层的平流层中臭氧浓度相对较高的部分，主要作用是吸收短波紫外线。臭氧层密度不是很高，如果它被压缩到对流层的密度，它就只有几毫米厚了。

地球各地臭氧层密度大不相同，在赤道附近最厚，两极变薄。北半球的臭氧层厚度每年减少4%。现在大约4.6%的地球表面没有臭氧层，这些地方成为臭氧层空洞，大多在两极之上。

众多学者认为：臭氧层在氯原子、氟原子和溴原子附近会被毁坏。这些元素含在很稳定的氟氯烃（$CF_2Cl_2$，如氟利昂，和一种很常用的汽油添加剂）中。这些气体分子升到统温层，在紫外线照射之后，会分解成各种单元素气体，破坏臭氧。这些气体比空气重，最终会降落到地球表面，和有机物质反应之后被吸收。但是在统温层已经破坏了很多臭氧。氯气破坏性最大，可以破坏它十万倍的臭氧。

1973年，美国化学家马里奥·莫利纳首次提出氟利昂对臭氧层有影响。氟利昂是一种氟氯烃，在冰箱和空调器中已经做了20多年的制冷剂。但是当时没有学者测试臭氧层厚度，也没有多少臭氧层研究，各国政府没有在意。

臭氧层空洞是在做南极研究时逐步被发现。这些研究在地面和空中一起测量，由各国合作测量。最著名的是1987年代表19个组织和4个国家，在智利的蓬塔阿雷纳斯，进行的一项大规模研究，即机载南极臭氧实验。这项实验表明1987年臭氧洞大小达到历史最大，引起科学界和政界的注意。

同时持氟利昂破臭氧层观点的学者认为，南极上空之所以会出现臭氧层空洞是因为当地的极度寒冷所致。他们认为云层中粒子无论属何性质，由什么构成，当其表面温度低于－73摄氏度时，任何形式存在的氯转都会发生转变为活性氯的化学反应。当南极洲处于暖季（11月至次年3月）

时，南极上空臭氧层中的氯化合物只受到太阳紫外线辐射的影响，分解缓慢。但当进入酷寒的冬季（4—10 月），其气温可达 -88.3 摄氏度，云层中冰冷的粒子此时便成了释放活性氯的化学反应的催化剂，这就更大破坏了南极上空臭氧，因此出现臭氧层空洞。

臭氧层是地球的天然屏障，随着世界工业化快速发展，臭氧层破坏已经成为当今人类共同面临的问题和挑战。为了保护臭氧层，国际社会制订了《保护臭氧层维也纳公约》，缔结了《关于淘汰臭氧层消耗物质的蒙特利尔议定书》，并把每年的 9 月 16 日确定为“国际保护臭氧层日”。我国作为最大的发展中国家，是世界上主要的臭氧层消耗物质生产和消费国之一。1989 年，我国积极加入维也纳公约和蒙特利尔议定书，并致力于推进臭氧层保护的国际合作，认真履行应承担的国际义务，深入开展削减和淘汰臭氧层消耗物质的活动，取得了重大进展和成就。而根据环境保护部外经办与原广东省环保局签订的《广东省泡沫行业 CFC -11 淘汰项目》和《加强地方消耗臭氧层物质淘汰能力建设项目协议书》两个协议，2008 年 7 月，广东省正式启动保护臭氧层工作，目前，全省已顺利完成泡沫行业 CFC -11 淘汰。

## （三）加强废气净化，控制酸雨污染

酸雨是大气受污染的一种表现，因最早引起注意的是酸性的降雨，所以习惯上统称为酸雨。纯净的雨雪在降落时，空气中的二氧化碳会溶入其中形成碳酸，因而具有一定的弱酸性。空气中的二氧化碳浓度一般约在 316ppm 左右，这时降水的 pH 值可达 5.6。这是正常的现象，不是我们通常所说的酸雨。

我们所讲的酸雨是指由于人类活动的影响，使得 pH 值降低至 5.6 以下的酸性降水。随着近现代工业化的发展，这样的降水开始出现，并且逐年增多。它已经开始影响到人类赖以生存的环境，以及人类自己了。古代的雨雪酸度没有记载，对大约 180 年前的格陵兰岛积冰的测定表明，那时降雪的 pH 值为 6 ~7.6 之间。20 世纪 50 年代以前，世界上降水的 pH 值一般都大于 5，少数工业区曾降酸雨。从 60 年代开始，随着工业的发展和矿物燃料消耗的增多，世界上一些工业发达地区（如北欧南部和北美东部）降水的 pH 值降到 5 以下，而且范围不断扩大，生态系统受到了明显的伤害。

1872年英国化学家史密斯在其《空气和降雨：化学气候学的开端》一书中首先使用了“酸雨”这一术语，指出降水的化学性质受到燃煤和有机物分解等因素的影响，也指出酸雨对植物和材料是有害的。20世纪50年代中期，美国水生生态学家戈勒姆进行了一系列研究工作，揭示了降水的酸度同湖水和土壤酸度之间的关系，并指出降水酸度是矿物燃料燃烧和金属冶炼排出的二氧化硫造成的。但是，这些都没有引起人们的注意。20世纪60年代间，瑞典土壤学家奥登首先对湖沼学、农学和大气化学的有关记录进行了综合性研究，发现酸性降水是欧洲的一种大范围现象，降水和地面水的酸度正在不断升高，含硫和含氮的污染物在欧洲可以迁移上千公里。1972年瑞典政府向联合国人类环境会议提出一份报告：《穿越国界的大气污染：大气和降水中的硫对环境的影响》。从此更多的国家关注酸雨这一问题，研究的规模也在不断扩大。1975年5月，在美国俄亥俄州立大学举行了第一次国际酸性降水和森林生态系统讨论会。1982年6月在瑞典斯德哥尔摩召开了国际环境酸化会议，酸雨已成为当前全球性环境污染研究的主要问题之一。

酸雨的形成是一种复杂的大气化学和大气物理现象。酸雨中含有多种无机酸和有机酸，绝大部分是硫酸和硝酸，以硫酸为主。硫酸和硝酸是由人为排放的二氧化硫和氮氧化物转化而成的，可以是当地排放的，也可以是从远处迁移而来的。煤和石油燃烧以及金属冶炼等工业活动会释放二氧化硫到空气中，通过气相或液相氧化反应生成硫酸。同时高温燃烧会使空气中的氮气和氧气生成一氧化氮，其在大气中与氧继续作用，大部分转化成为二氧化氮，遇水或水蒸气就会生成硝酸和亚硝酸。

由于人类活动和自然过程，还有许多气态或固体物质进入大气，对酸雨的形成也产生影响。大气颗粒物中的铁、铜、镁等是成酸反应的催化剂。大气光化学反应生成的臭氧和过氧化氢等又是使二氧化硫氧化的氧化剂；飞灰中的氧化钙、土壤中的碳酸钙、天然和人为来源的氨，以及其他碱性物质又会与酸反应，而使酸中和。降水的酸度实际上就是降水中的主要阴阳离子的平衡。当大气中二氧化硫和一氧化氮的浓度较高时，降水就会表现为酸性；如果降水中代表碱性物质的几个主要阳离子浓度也较高时，降水就不会有很高的酸度，甚至可能呈现碱性。在碱性土壤地区，或大气中颗粒物浓度高时，往往出现这种情况。相反，即使大气中二氧化硫和一氧化氮浓度不高，而碱性物质相对更少时，则降水仍然会有较高的酸度。工业区的高大烟囱可把二氧化硫扩散到很远的地方，因而很多山区和荒野地带也降酸雨。

硫和氮是植物生长不可或缺的营养元素，弱酸性降水可溶解地壳中的矿物质，供动植物吸收。但如果酸度过高，例如 pH 值降到 5 以下，就可能使生态系统遭受损害。在土壤盐基饱和度低的地区或土层薄的岩石地区，酸性雨水降落地面后得不到中和，就会使土壤、湖泊、河流酸化。当湖水或河水的 pH 值降到 5 以下时，流域内的土壤和水体底泥中的金属（例如铝）就会被溶解进入水中，毒害鱼类，使其繁殖和发育受到严重影响。水体酸化还会导致水生生物的组成结构发生变化，耐酸的藻类、真菌增多，而有根植物、细菌和无脊椎动物减少，有机物的分解率降低。因此，酸化的湖泊、河流中鱼类减少。

例如美国东部阿迪朗达克山区，海拔 700 米以上的湖泊，目前半数以上湖水 pH 值在 5 以下，90% 已无鱼。而在 1929 年至 1937 年间，只有 4% 的湖泊的 pH 值在 5 以下，或者是无鱼的。现在瑞典 18000 多个大中型湖泊已经酸化，其中约 4000 个酸化严重，水生生物受到很大伤害。

酸雨还会抑制土壤中有机物的分解和氮的固定，淋洗与土壤粒子结合的钙、镁、钾等营养元素，使土壤贫瘠化。酸雨会伤害植物的新生芽叶，从而影响其发育生长；酸雨腐蚀建筑材料、金属结构、油漆等，古建筑、雕塑像也会受到损坏；作为水源的湖泊和地下水酸化后，由于金属的溶解，就会对饮用者的健康产生有害影响。控制酸雨的根本措施是减少二氧化硫和一氧化氮的人为排放量。另外瑞典等国试验在已酸化的土壤和水体中施加碱性的石灰，在短期内也曾取得较好的效果。

总之，酸雨是我们当今面临的、更为显著的空气质量问题之一。酸性物质以及导致形成酸性物质的化合物，是在燃烧矿物燃料来发电和提供运输时生成的。这些物质主要是从硫氧化物和氮氧化物衍生而成的酸。这些化合物也有一些天然来源，例如雷电、火山、生物物料燃烧和微生物活动，但除了罕见的火山爆发外，这些天然来源同来自汽车、电厂和冶炼厂的排放气相比，是相当小量的。

用以减少酸雨的各种战略对策，可能每年需要几十亿美元的投资。由于耗资如此巨大，所以，至关重要的是要很好地了解涉及污染物迁移、化学转化和归宿的大气过程。酸沉降包括两部分，即“湿”降水（如雨和雪的形式）和干沉降（气溶胶或气态酸性化合物的形式沉降到诸如土壤颗粒、植物叶片等表面上)。以被沉降而告终的物质，往往以一种极其不同的化学形式进入大气。例如，煤中的硫被氧化成二氧化硫，这是它从烟囱排出的气态形式。随着它在大气中运动，便慢慢被氧化，并与水反应生成硫酸——这是它可能被沉降在下风向数百英里处的形式。

氮氧化物的生成、反应以及最终从大气中脱除所经历的路线也是非常复杂的。当氮气和氧气在发电厂、在民用炉灶和汽车发动机中的高温下加热时，生成一氧化氮（NO），再与氧化剂反应生成二氧化氮（$NO_2$），最终生成硝酸（$HNO_3$）。全球氮氧化物衡算——它们来自何方及它们去往何方的定量估计值仍然相当不确定。可以容易地看到，在我们彻底了解各种不同化学形式的氮、硫和碳的生物地球化学循环以及这些化学物种的全球来源与归宿之前，将难以满怀信心地选择空气污染控制战略。大气化学和环境化学是实现一个更清洁、更有益健康的环境的核心。发展空气中痕量化学物种的可靠测定方法、重要大气反应的动力学，以及发现可用以减少污染物排放的、新的、更有效的化学工艺，这些就是未来十年中必须受到国家承诺的目标。

从广东酸雨模拟分析可知，广州市、佛山市、韶关市的火电厂应该首先进行控制，削减率最高，达到75%。规划模型分析认为火电厂对很大范围可造成酸污染，但造成严重的酸污染是在其附近地区，尤其是主导下风向地区，广州为中心的重酸雨污染主要的责任是本地区的二氧化硫（$SO_2$）排放。要控制广州为中心的酸雨污染，首先就必须削减本地区二氧化硫（$SO_2$）排放量，如削减火电厂的二氧化硫（$SO_2$）排放量。沙角电厂、妈湾电厂、珠海电厂处于以广州为中心的重酸雨区的边缘，其主要污染珠江三角洲的南半部，对广州地区亦有相当程度的污染，其效果相当于雪上加霜，削减它们的排放量，对控制广州地区的酸雨是必不可少的。湛江电厂、台山电厂、惠来电厂、汕尾电厂是21世纪可能新建、扩建的大型燃煤电厂，它们对广东目前存在的重酸雨区污染较小，本研究推荐新建这些电厂，来满足广东电力的需要，减轻珠江三角洲再建电厂的压力。建议在珠江三角洲的东、西翼的酸雨轻微地区进行大型二氧化硫（$SO_2$）污染工业项目的战略布局，以保证在珠江三角洲范围不再建大电厂，逐步关闭中、小型电厂。这是发展经济、控制酸雨污染的基本措施，也是见效快、最省钱的污染控制措施。

### （四）完善保护制度，遏制生物多样性锐减

生物多样性是人类社会赖以生存和发展的环境基础，也是当今国际社会环境和发展研究的热点问题之一。中国是全球生物多样性最丰富的国家之一，有的生物物种数量约占全球的十分之一，是全球生物多样性保护的重要地区。但是由于自然、人为及其他方面的原因，中国的生物多样性正遭受着严重的损失和破坏，保护生物多样性已成为摆在人们面前的重中之重的事情。

#### 1. 生物多样性概述

所谓生物多样性就是反映地球上所有生物及其生存环境和所包含的组成部分的综合体。

生物多样性包含三层含义，即遗传多样性、物种多样性、生态系统多样性。三者之间既有区别又有联系。遗传多样性是指某个物种内个体的变异性；物种多样性是指地球上生命有机体的多样性；生态系统多样性是指生物圈内生境、生态群落和生态过程的多样性以及生态系统内生物和环境差异、生态过程变化的多样性。三者之中生态系统多样性是基础，而物种多样性是关键，遗传多样性含有的潜在价值最大。

（1）生物多样性的意义。

①生物多样性为我们提供了食物和多种工业原料。

我们的食物全部来源于自然界，维持生物多样性，食物品种会不断丰富，人民的生活质量会不断提高。生物多样性对人类健康的贡献更是不可估量。在科学技术发达的今天，人们的医疗保健在很大程度上仍依赖于生物。大约80%的世界人口仍主要依赖从植物中获得的各种药材。中国有记载的药用植物就有5000多种，其中1700种为常用药物。相当多的陆生动物也是医药来源，如蜂毒可以治疗关节炎，某些蛇毒能控制高血压，斑蝥素可以治疗某些癌症。目前，已知的具有抗癌潜力的海洋生物就有500余种，但被人们研究应用的仅是其中极少一部分。

生物多样性还为人类提供多种多样的工业原料，如木材、纤维、橡胶等，甚至能源———石油、煤、天然气等也是由古代森林所储藏的几百万年前的日光能所提供。木材是一些发展中国家的重要出口产品，全世界每年的木材产值在750亿美元以上。现代工业生产还需要开发更多新的生物资源，以提供原料和新型能源。

生物遗传多样性为人类提供了大量的基因资源。每一个物种或品种在遗传组织上都可能是唯一的，即使是一草一木也应该珍惜。谁能在若干年前就想到中药天花粉的蛋白质不仅能治愈绒毛膜皮癌，而且还是治疗艾滋病的良药。人类未来还会面临各种各样意想不到的挑战，那些现在看来毫无用处、微不足道的生物，也许将来某一天却能帮助人类免于饥荒，祛除疾病而继续生存下去。

②生物多样性还在保持土壤肥力、保证水质以及调节气候等方面发挥了重要作用。

黄河流域曾是我们中华民族的摇篮。几千年以前，那里还是一片十分富饶的土地，树木林立，百花芬芳，各种野生动物四处出没。但由于人类过度地开发利用，这里已变成生物多样性十分贫乏的地区，到处是黄土荒坡，遇到刮风的天气便是飞沙走石，沙漠化现象十分严重。近年来由于人工植树，大搞“三北防护林”等生态恢复工程，生物多样性得到了一定程度的恢复，沙漠化进程得到了抑制，森林覆盖率逐年上升，环境不断得到改善。受自然植被覆盖和凋落层保护的优质土壤可保持肥力、防止危险滑坡、保护海岸和河岸以及防止淤积作用。有树木的农田很大程度上使土壤的冲刷危害大幅减少，有利于保持土壤的完整性和最小的侵蚀量。

③生物多样性在大气层成分、地球表面温度、地表沉积层氧化还原电位以及 pH 值等方面的调控发挥着重要作用。

例如，现在地球大气层中的氧气含量为 21%，供给我们自由呼吸，这主要应归功于植物的光合作用。在地球早期，大气中氧气的含量要低很多，据科学家估计，假如断绝了植物的光合作用，那么大气层中的氧气，将会由于氧化反应在数千年内消耗殆尽。

④生物多样性的维持，将有益于一些珍稀濒危物种的保存。

任何一个物种一旦灭绝，便永远不可能再生。今天仍生存在我们地球上的物种，尤其是那些处于灭绝边缘的濒危物种，一旦消失了，那么人类将永远丧失这些宝贵的生物资源。而保护生物多样性，特别是保护濒危物种，对于人类后代，对科学事业都具有重要意义。多样性的生物除对人类提供直接价值外，还有很多间接作用，如森林可调节气候、涵养水源，微生物可以净化污水、处理垃圾，各种生物为人们提供优美适宜的生活环境。生物多样性不仅是人类生活和未来经济发展的基础，也是整个地球生命的基础。

（2）我国生物多样性现状。

我国在1987年公布的《中国珍稀濒危保护植物名录》第一期中，公布的濒危种类有121种，受威胁的158种，稀有的110种，共计389种，其中一类保护植物8种、二类的157种、三类的22种。另据中国红皮书的估计显示，超过1/10即500多种脊椎动物物种和15%～20%即400～500种高等植物已经受到威胁。而我国对境内的物种及其数量尚无确切的统计数字，尤其对濒危物种的调查尚不全面。出现的问题是有些国家未列入濒危物种名录的物种面临生存威胁，有的甚至濒临灭绝，而另一些则由于人为的保护、繁育、利用而使种群数量有所增减，因而有必要调整其保护级别或划出、划入保护之列，尤其值得一提的是药用动植物，如黄草，急待保护。

此外，近年来野生生物贸易已经对中国的生物多样性产生了较大影响。由于粮食、中医药、服装等对野生生物的需求日益增加，野生动植物的非法交易也急剧增长，对几种濒危动植物物种以及一些没有被列入国家保护名单之内的动植物物种数量已经构成威胁。

**2. 生物多样性损失的主要原因**

生物多样性的丧失，有自然发生的，但就目前而言，人类活动（特别是近两个世纪以来）无疑是生物多样性的损失的最主要原因。

（1）自然原因。

一是物种本身的生物学特性。其一是物种的形成与灭绝是一种自然过程，化石记录表明，多数物种的限定寿命平均为100万～1000万年。其二是物种对环境的适应能力或变异性、适应性比较差，在环境发生较大变化时难以适应，因此而面临灭绝的危险。如大熊猫，其濒危的原因除气候变化和人类活动以外，与其本身食性狭窄、生殖能力低等身体特征有关。二是环境突变（天灾），如地震、水灾、火灾、暴风雪、干旱等自然灾害。

（2）人类活动。

由于对生物多样性对人类的重要性认识不够，同时又过多地重视经济发展，而对生物多样性保护意识淡薄，从而导致生境破坏时有发生；对生物资源开发过度，有些甚至是掠夺式的开发；环境污染严重；对外来物种入侵问题重视不够以及制度的不健全，这些都是导致生物多样性减少的主要原因。

许多生物资源对人类具有直接的经济价值。随着人口的增加和全球商业化体系的建立和发展，人类对其需求也随之迅速上升，其结果导致对这些资源的过度开发并使生物多样性下降。而当商业市场对某种野生生物资源有较大需求，通常会导致对该种生物的过度开发。典型的实例是人类对海洋鲸类的猎捕活动与鲸类数量的消长之间的关系。我国许多药用植物，如人参、天麻、砂仁、七叶一枝花、黄草、罗汉果等，野生的植株都已经很有限了，如果不加限制必然导致灭绝。偷猎、走私野生动物行为对动物的多样性威胁最为严重。

（3）环境污染。

①水体污染。

水体污染能够对水生生物（特别是鱼类）生命周期的任何发展阶段，产生亚致死或致死作用，影响它们的捕食、寻食和繁殖。其中亚致死的水体污染对水体生物多样性的影响更为突出、普遍、久远。在这种环境中的生物繁殖能力下降、生长缓慢或者死于环境胁迫有关的疾病。而水体富营养化能使水体生物多样性显著下降，昆明滇池即是一例。

②土壤污染。

土壤污染通常会使当地植被退化，甚至变成不毛之地，同时土壤动物也会变得稀少甚至绝迹，其生物多样性比未受污染区显著下降。如矿区、尾矿堆积地、矿区废弃地以及垃圾填埋废弃地都少有树木生长。

③空气污染。

人类排放到大气中的各种有毒有害物质均能对生物体产生不同程度的损失，并对生态系统构成危害。经各种途径进入空气的二氧化硫、氨、臭氧等能直接杀死生物。来自冶炼厂废气中的有毒金属能直接毒害植物。而由于臭氧空洞、酸雨以及二氧化碳等温室气体所引发的温室效应等造成的生物多样性损害、减少越来越受到国际社会关注和重视，特别是温室效应引起的全球变暖和酸雨对生物多样性的影响。

④外来物种入侵。

外来物种入侵对生物多样性造成了很大威胁。其入侵方式有三种：一是由于农林牧渔业生产，城市公园和绿化、景观美化、观赏等目的的有意引进或改进，如在滇池泛滥的水葫芦、转基因生物；二是随贸易运输旅游等活动传入的物种，即无意引进，如因船舶压仓水、土等带来的新物种；三是靠自身传播能力或借助自然力而传入，即自然入侵，如在西南地区危害深广的紫茎泽兰、飞机草。在全球濒危物种植物名录中，大约有35%～46%是部分或完全有外来物种入侵引起的。2002年来自南美洲亚马孙河的食人鱼（又名食人鲳）在我国掀起轩然大波。其一旦流入某一水域达到一定规模时，可能会大量屠杀其他鱼类，给生态平衡和生物多样性带来危机，造成不可估量的损失。

（4）保护不力。

虽然我国在保护生物多样性方面取得一定成绩，但由于制度特别是法律制度的不健全，使生物多样性遭受了不必要的损失。主要表现在：虽然国家已把环境保护的成效纳入政绩考核之中，但有些地方政府并未把此真正纳入工作计划；对生物多样性有影响的相关部门对此重视不够，缺少相关具体实施细则、行动及专业人员。自然保护区是保护物种及其生境的有效方法，我国已建立数目众多的保护区，但相对于国土总面积而言是不够的，而且部分保护区管理混乱、土地权属不清等也需要完善。在法律制度方面，虽已实施《自然保护区条例》多年，但在法律效力上位阶较低，调整面窄，处罚力度不够，故需要进行新的立法以保护自然保护区、物种及其生境。而在外来生物入侵问题上，虽有一些法规涉及，如《进出境动物检疫法》，但没有专门法规对此做相应调整，法律漏洞较大。

此外，由于经济发展，新的城镇、水坝、水库、矿区的开发和建设，旅游活动以及国际合作不充分也会对生物多样性构成威胁。

**3. 保护对策**

保护生物多样性不仅需要加快治理环境污染，把保护工作纳入国民经济发展计划，更重要的是对生态系统采取保护措施。

（1）制定《自然保护区法》。

自然保护区是具有保护自然环境和自然资源的双重性质，并且是一定的空间范围的区域。在我国是指对有代表性的自然生态系统、珍惜濒危野生动植物物种的天然集中分布区和具有特殊意义的自然遗迹等保护对象所在地的陆地水域和海域，依法划出一定面积予以特殊保护和管理的区域。

据1997年《世界资源》的统计，全世界已建立较大面积的保护区有1.04万多个，其无论在保有物种、遗传、生态系统的多样性还是在保护物种生境上都起了非常重要的作用，但由于缺乏相关法律保护，自然保护区建设、管理混乱，保护区内开发与保护矛盾突出，乱砍、滥挖、偷猎行为时有发生，造成一些自然保护区破坏严重。因此，许多国家对自然保护区和国家公园进行了专门立法。如，英国《国家公园和乡土利用法》、日本的《自然公园法》、澳大利亚的《国家公园与野生生物保护法》、加拿大的

《国家公园法》、韩国的《自然公园法》等。另外，一些国家制定了自然保护区或生物多样性保护方面的综合性法律，并将自然保护区纳入其中。例如，日本的《自然保全法》、新西兰的《自然保护法》、韩国的《自然环境保护法》等。这些法在保护生物多样性上取得很大成效。

所以无论是按国际通行做法还是从我国国情出发，都有必要抓紧制定《自然保护区法》，对由于自然保护区的保护、建设、管理、开发和利用而产生和存在的社会关系进行调整。在原有法规中法律制度如审批制度、分级分区制度、管理制度、检查应急制度的基础上，修改和完善相关法律制度，如分类性保护和管理制度、监督管理体制、投入保障制度，借鉴国外相关先进经验，创设新的法律制度，如功能区划制度和社会影响评价制度。

（2）加强重要区域、濒危物种的保护。

结合广东的实际，编制实施《广东省生物多样性保护战略与行动计划》，重点保护南亚热带季风常绿阔叶林、河口沿海红树林等生态系统，以及珠江口中华白海豚分布区、惠东港口海龟分布区等海洋海岸生物多样性保护区域。完善广东省地方物种本底资源编目数据库，完善濒危动物繁育保护机制。加强重要生态系统、生物物种及遗传资源的有效保护，加快粤北和粤西云雾山区生态修复。积极防治外来物种入侵。

（3）在保护中持续利用生物资源。

虽然全世界已建立众多自然保护区、国家公园等多形式保护方法方式，但相对于地球生物圈而言，其保护的生物多样性是有限的。因此人们认识到，有效和长期可行的保护生物多样性的方法是持续利用生物资源，对生物资源的利用应该使生物多样性在所有层次上得以保护、再生和发展。对保护而言，没有合理利用也就没有保护。如利用自然保护和发展旅游业。不但有经济效益，实际上也是宣传群众、教育群众，从而获得广大人民群众的广泛支持。这本身就是社会效益的体现，也是自然保护的价值体现。

另外相关部门应制定生物多样性保护规划，并将其纳入部门的生产计划中，鼓励生物的资源利用方式的多样化。包括根据当地资源的实际情况实施传统的农业和林业措施；推进科研与教育；采取必要的办法使保护区免受人类活动的影响和进行迁地保护。

（4）国际合作与行动。

在生物多样性问题上，世界各国的共识是生物多样性问题不是局部的、地区的问题，而是全球性的问题。联合国有关组织、世界科学界和各国政府部门认为国际合作是推进生物多样性保护的重要方面。因此我国政府应积极地参与国际合作，联合打击跨国野生动植物非法贸易与捕猎。加强科研协作，并注意物种主权与产权保护问题。

我国已加入的公约协定有《濒危野生动植物国际贸易公约》、《国际捕鲸公约》、《生物多样性公约》、《热带木材协定》、《关于保护特别水禽的重要湿地公约》等等。为了更好地保护我国生物多样性，应积极地开展国际合作，并制定相关的实施计划与细则，在必要的情况下制定相关行政法规或法律。

（5）加强环保教育。

从国内外实际情况看，国民素质的高低直接关系到生态环境的优劣和生物多样性的多寡，大量资料表明，凡是受环保教育程度越低的国家和地区，通常生态环境破坏频率越高、程度越深、问题也越多。因此对生物多样性的可持续发展这一社会问题来说，除发展外，更多的应加强民众教育，广泛、通俗、持之以恒地开展与环境相关的文化教育、法律宣传，培育本地化的亲生态人口。特别值得重视和提倡的是利用当地文化、习俗、传统、信仰、宗教和习惯中的环保意识和思想，如民族地区的龙山、风水，进行宣传教育。另外，建议在中小学中专门开设环境课程或在自然、化学、生物、地理及中进行环保教育，尤其值得重视的是课外活动。

此外，要加快对全国生物多样性的清查，根据实际情况变更动植物保护级别，恢复破坏的生态系统，及对一些重点珍稀濒危物种进行人工繁育和扩群工作，也很有必要。总之，一个物种的消亡往往不是单个因素作用的结果，而是多个因素综合作用的结果。所以，生物多样性的保护工作是一件综合性的工程，需要各方面的参与，不仅需要政府，更需要民众；不仅需要单个学科，更需要多学科；不仅是一个国家或地区，而是全球的共同参与与合作。

**4．保护生物多样性成功案例之广东鼎湖山**

鼎湖山是岭南四大名山之首，距肇庆城区东北 18 公里，位于北纬 23°10′，东经 112°31′。因其他北回归线穿过的地方大都是沙漠或干草原，所以鼎湖山又被中外学者誉为“北回归线上的绿宝石”，与丹霞山、罗浮山、西樵山合称为广东省四大名山。

1956 年，鼎湖山成为我国第一个自然保护区。1979 年又成为我国第一批加入联合国教科文组织“人与生物圈”计划的保护区，建立了“人与生物圈”研究中心，成为国际性的学术交流和研究基地。

鼎湖山面积1133公顷，最高处的鸡笼山顶高1000.3米，从山麓到山顶依次分布着沟谷雨林、常绿阔叶林、亚热带季风常绿阔叶林等森林类型。而保存较好的南亚热带森林典型的地带性常绿阔叶林是有400多年历史的原始森林。鼎湖山因其特殊的研究价值闻名海内外，被誉为华南生物种类的“基因储存库”和“活的自然博物馆”。

这里有野生高等植物1843种，栽培植物535种，其中珍稀濒危的国家重点保护植物23种；以鼎湖山命名的植物有30种。鼎湖山多样的生态和丰富的植物为动物提供了充足的食源和良好的栖息环境。因此这里的动物种类和数量也很多，有鸟类178种，兽类38种，其中国家保护动物15种。1998年12月，经中南林学院森林旅游研究中心测定，鼎湖山的负离子含量最高达到105600个/立方厘米，是目前国内所测定的最高的负离子含量区。

对广东鼎湖山而言，不管在什么情况下，保护都是首位的。从1956年鼎湖山自然保护区成立以来，尽管保护与开发利用作为一对不可调和的矛盾一直存在，但保护区坚持在景区环境可承受力的前提下对鼎湖山严加保护。经过调研以及有关专家论证，确定鼎湖山景区每天最大游客承载量为1.2万人次，尊重和保护自然保护区动植物多样性的特点，兼顾适度开发，不造成破坏和影响，使这里珍贵的自然资源得以永续利用。

鼎湖山实行适度的开发和利用，从自然保护区的实际出发，尊重和保护环境，综合听取科学家的意见，不改变自然保护区的功能，不滥占用保护区水体和陆地，全力提升和改善保护区的生态环境，将适度旅游开发定位为生态旅游。在开发前对开发活动进行环境影响评价、分析、识别建设、经营过程中可能造成的影响提出相应的减免对策，把可能对旅游环境造成的负面影响降低到最低程度。

# 第七章 健全生态制度 建设幸福广东

党的十八大确立了生态文明建设的突出地位，使生态文明融入经济建设、政治建设、文化建设、社会建设各方面和全过程，这是建设中国特色社会主义和“美丽中国”历程中关于如何正确处理人与自然关系的最新的战略性部署。生态文明建设的基础工作与重要内容之一便是生态文明制度建设。生态文明制度是指在全社会制定或形成的一切有利于支持、推动和保障生态文明建设的各种引导性、规范性和约束性规定和准则的总和。生态文明制度建设是生态文明建设的一个重要的内容，同时，生态文明制度建设为生态文明建设提供源源不断的、持续增强的制度动力，促进生态文明目标的实现。

## 一、树立核心价值，营造生态文明社会氛围

### （一）树立生态文明核心价值

和谐作为生态文明的核心价值理念不是人为的主观臆造，而是超越工业文明的客观需要，也是生态文明在发展过程中所逐渐显露出的品格。在生态文明的框架体系中，和谐所指涉的层面非常广泛，或者说和谐指的是多层面、多方面的和谐。

第一，人与自然之间的和谐，即人自身的生存发展需要不能超出生态系统所能承受的阈限，要在尊重生态规律、不破坏自然生态系统可持续性的前提下组织安排人类的各种活动，并且要努力通过人自身的实践活动来修复破损的自然，真正实现生态良好和生活良好并存的格局。

第二，世界和谐。人与自然的关系是全人类所面对的共同问题，或者说是全世界的普遍问题。要改变人与自然的敌对状态，扭转全球生态危机的局面，需要全世界人的共同努力。当今世界不同国家在利用自然资源和

分担生态责任的问题上要体现机会平等、责任共担、合理补偿，即强调公平地享有地球，把大自然看成当代人共有的家园，共同承担起保护它的责任和义务。而生态危机是单个人、单个国家或民族都无法应对的，所以必须反对各种形式的利己主义。当前，阻碍世界实现和谐的主要问题是贫富差距，如果贫富差距不能消除并且愈演愈烈，那么人类在解决生态问题上就很难形成合力。问题是共同的，道路可以是多元的。消除单边主义，确立多元共存、彼此尊重支持的发展格局是实现和谐世界的必要路径。“和谐不是抹杀个性，和谐而又不千篇一律，不同而又不相互冲突。和谐以共生共长，不同以相辅相成。和而不同，是社会事物和社会发展的一条重要规律，也是人们处世行事应该遵循的准则，是人类各种文明协调发展的真谛。”

第三，社会和谐，即社会层面的各种关系的和谐。从社会关系的层面来看，生态问题归根结底是利益问题。任何保护生态环境的行为都牵涉到一定的利益问题，任何破坏生态环境的行为也都与一定的利益问题有关，所以协调和理顺各种社会利益关系是构建和谐社会的重要条件。目前，生态危机实际上也反映出社会内部所存在的利益矛盾，如在利用自然资源和分担生态负担问题上所存在的阶层不公平、城乡不公平、区域不公平等，利益补偿的长效机制没有建立起来，谁受益谁补偿、谁破坏谁治理的基本原则没有得到很好的贯彻。社会和谐还包括构成一个社会的各种要素要合理搭配、密切配合、相互促进，要使得社会的经济建设、政治建设、文化建设、社会建设都能够得到协调发展。

第四，个人自我身心和谐。工业文明时代空前放大和张扬了物质因素的力量与作用，人与人之间常常被物质力量和利益因素相隔离，人自身丰富的社会生活内涵被剥离掉了，人成为一个个只为物质利益而拼争的封闭的个体，对社会和他人的依赖、对生命意义的省察和沉思往往让位于对物质利益的疯狂追逐，从而导致人与人之间的矛盾和冲突，而人为了利益的拼争又必然加剧对自然的伤害。所以，人自身的失衡也是造成生态危机的重要原因。正如世界著名学者欧文·拉兹洛所说，人类生存的极限并不在于地球的自然资源的限度，而在于人的内心，在于人类对于自己的生活态度、生存方式的选择。因此，生态文明的发展亟需人自身的和谐。

作为生态文明核心价值范畴的和谐，不是一个空洞的符号，也不是形而上意义上的抽象的道理。就像人类文明的发展在最根本的意义上是要让文明的成果为所有人占有分享一样，和谐也必须给人们带来实惠，这就是，创造和谐是为了提高人的幸福生活指数，让更多的人能够过上幸福生活——共同栖居于地球这个人类共有的家园，共同分享社会资源，共同体验广泛的交往和沟通所带来的乐趣，并且拥有丰富而健康的精神生活。

## （二）建立科学的生态文明评价体系

生态文明评价指标体系是对生态文明建设进行准确评价、科学规划、定量考核和具体实施的依据，目的是为客观、准确评价人与自然的和谐程度及其文明水平，为正确决策、科学规划、定量管理和具体实施等提供科学依据。构建和谐、合理、可操作的生态文明评价指标体系，一方面有利于科学评价社会经济发展的可持续性与生态文明建设的成果，是资源、环境和发展协调发展的综合评价工具；另一方面，有利于识别生态文明建设中存在的问题与缺漏，是指导生态文明建设的方向标。

### 1. 国际可持续发展指标体系

国际上虽然没有专门的生态文明评价指标体系，但是国际上有一些旨在衡量区域环境与经济、社会之间可持续发展程度的指标体系。可以说可持续发展指标体系在关注区域环境与发展之间关系上是相同的，在指导区域选择协调的、可持续的发展模式的目的上亦是共通的。

从1992年《21世纪议程》号召各国、国际组织和非政府组织建立和运用可持续发展的指标体系以来，有关可持续发展的指标体系不断提出，如：联合国可持续发展委员会的“驱动力—状态—响应”指标体系、联合国统计局的可持续发展指标体系框架、国际科学联合会环境问题科学委员会的可持续发展指标体系，以及联合国开发计划署的人文发展指标等。同时，国家、区域层次上的可持续发展指标体系也不断涌现，有代表性的是加拿大、美国、荷兰等国家，以及加拿大阿尔伯塔、美国俄勒冈等地区的可持续发展指标体系等。

（1）联合国可持续发展委员会的DSR指标体系。

1996年由联合国可持续发展委员会与联合国政策协调与可持续发展部、联合国环境规划署、联合国儿童基金会和亚太经社理事会参加，在经济、社会、环境和机构四大系统框架下，应用“驱动力—状态—响应”（DSR）概念模型，结合《21世纪议程》各章节内容而提出的可持续发展指标框架。

DSR 概念模型共 142 个指标，每个指标有其简要定义、单位、意义、测量方法等。该指标体系覆盖面大，全面系统，世界各国可按各自的国情和发展目标来从中选择合适的指标。DSR 模型突出了环境受到的压力和环境退化之间的因果关系，因此与可持续的环境目标之间的联系较紧密。但对于社会和经济指标，这种分类方法不可能得到所希望的因果关系，即在“驱动力指标”和“状态指标”之间没有逻辑上的必然联系，再者，有些指标是属于“驱动力指标”还是“状态指标”，界定并不是肯定的和合理的。事实上，随着该指标体系的修改，不少指标的属性发生了变化。如在第 6 章中，“拥有适当排泄设备人口占总人口的百分比”由驱动力指标转为状态指标；在第 7 章中，“自然灾害造成人口和经济的损失”由状态指标转为驱动力指标等。这表明该指标体系框架存在着缺陷。

（2）联合国统计局的 FISD 体系。

1994 年联合国统计局对联合国的“发展环境统计的框架”（FDES）加以修改，不用环境因素或环境成分作为划分指标依据，而是以《21 世纪议程》中的主要章节作为可持续发展进程中应考虑的主要问题去对指标进行分类，形成了一个可持续发展指标体系的框架（FISD）。

由于 FISD 是由 FDES 演变而来，而 FDES 又是在加拿大的 PSR 概念模型为基础发展而来的，因此，FISD 在指标分类上很像 PSR 模型，即社会和经济活动对应于“压力”；影响、效果与储量、存量及背景条件对应于“状态”；对影响的响应对应于“响应”。同 DSR 模型一样，FISD 给出的指标数目较多而且混乱。如对于《21 世纪议程》中的社会/人口问题，它分成了贫困、人口动态与可持续性、教育培训和人群健康四个主题，但在相应的表达指标中，有的主题仅有存量和背景条件，如在贫困主题中仅有生活在绝对贫困线以下的人口数这一存量指标，而在教育培训主题中仅有响应指标和存量指标等。

（3）联合国环境问题科学委员会的可持续发展指标体系。

联合国环境问题科学委员会认为环境指标必须同人类的活动相联系，所以提出了人类活动和环境相互作用的概念模型。该概念模型认为人类活动和环境间存在以下四个基本作用：一是环境为人类社会活动提供如矿物、食品、木材等资源；二是自然资源被用来转化为产品和能量的服务，这些产品和能量使用后将被散逸和抛弃，产生污染和废物，并最终被返回到自然环境；三是自然系统提供了必需的生命支持系统的服务功能，如分解有机废弃物，营养物质的循环，氧气的产生和支持着各种各样的生命；四是空气和水污染所造成的环境条件直接影响着人类的福利。联合国环境问题科学委员会对这四个方面提出了一套包括25个指标的指标体系。

（4）世界银行的“新国家财富”指标体系。

世界银行独立设计的“新国家财富”的指标体系体现了经济可持续性、生态可持续性、社会可持续性发展的核心思想，包含以下四种类型的计算范围和估算方法：一是自然资本。包括农业用地、牧场、森林、保护区、金属和矿产、煤、石油和天然气等。二是生产资本。以机器、厂房、基础设施（公路、铁路、自来水系统、输油管道等）为形式体现的价值。三是人力资源价值的估算。四是社会资本价值的估算。

人们普遍认为，这种新国家财富观念比传统的国家排序要先进和丰富得多，因为在这个指标体系中，被绝大多数国家视为确定财富的首要因素的生产资本占据国家真正财富的份额不超过20%。这意味着，组成国家财富的要素还有自然资本、人力资源等。这些因素过去在相当大的程度上被忽视了。世界银行的报告证实了人力资源的投资是促进国家和地区发展的最重要，也是维系可持续发展的基本条件。

（5）英美可持续发展指标体系。

美国可持续发展指标体系由美国总统可持续发展理事会于1996年创建，由十大目标组成，包括健康与环境、经济繁荣、平等、保护自然、资源管理、持续发展的社会、公众参与、人口、国际职责、教育等，共计54个指标。

英国可持续发展指标体系创建于1994年，由经济健康发展、保护人类健康和环境、不可再生资源必须优化利用、可再生资源必须可持续利用等四大目标构成，包括21个专题123个指标。

**2. 我国生态文明评价指标体系设计**

从生态文明评价指标体系构建的目标出发，包括对生态文明建设现状的评价和对下一阶段建设的指导，因此，在设计评价指标时，应包括生态文明现状、生态文明趋势和生态文明建设能力三个系统。其中，生态文明现状和生态文明趋势两个系统主要评价生态文明建设进展与下一阶段的发展趋势。生态文明建设的内涵包括了社会、经济、环境、文化和政治五个方面的内容。

因此，生态文明评价指标体系设计应包括以上三大系统，共计33个指标。

(1) 生态文明现状系统。

由社会文明、生态经济、生态环境、生态文化和政治文明五个子系统构成。

①社会文明子系统包括人口平均期望寿命、人口自然增长率、城镇居民人均可支配收入、农民人均纯收入、社保覆盖率、新型农村合作医疗农民参合率、基尼系数和教育支出占财政支出比例八个指标。

②生态经济子系统包括人均生产总值、单位面积产出率、第三产业增加值占 GDP 比重、科技进步贡献率、单位 GDP 能耗和单位 GDP 用水量六个指标。

③生态环境现状子系统包括森林覆盖率、全年 API 指数优良天数、单位 GDP 二氧化碳排放量、主要河流三级水质达标率、集中式饮用水水源地水质达标率、城市生活污水处理率和生活垃圾无害化处理率七个指标，综合反映生态、空气环境、水环境和污染物处理等方面的基本情况。

④生态文化子系统利用居民文娱消费占消费总支出的比重这一指标表征我国文化事业的发展态势。

⑤政治文明子系统包括行政服务效率、市民满意度和廉洁指数三个指标，综合反映政府机构提供公共服务的效率和进行生态文明建设的能力。

(2) 生态文明趋势系统。

包括人均一般预算收入增速，高新技术产业增加值增长率，生态文明宣传教育普及率，环境管理能力建设标准化达标率，生态环境议案、提案、建议比例五个指标。

(3) 生态文明建设能力系统。

包括 R&D 经费支出占 GDP 比重、成人平均受专业教育年限、文化产值增加值占 GDP 的比重和环保投资占 GDP 比例四个指标。

**表 7-1 生态文明评价指标体系的基本框架**

| 一级 | 二级 | 三级 | 编号 | 单位 | 指标性质 |
|---|---|---|---|---|---|
| 生态文明现状 | 社会 | 人口平均期望寿命 | $A_{11}$ | 岁 | 正指标 |
| | | 人口自然增长率 | $A_{12}$ | % | 区间指标 |
| | | 城镇居民人均可支配收入 | $A_{13}$ | 万元 | 正指标 |

续上表

| 一级 | 二级 | 三级 | 编号 | 单位 | 指标性质 |
|---|---|---|---|---|---|
| 生态文明现状 | 社会 | 农民人均纯收入 | $A_{14}$ | 万元 | 正指标 |
| | | 社保覆盖率 | $A_{15}$ | % | 正指标 |
| | | 新型农村合作医疗农民参合率 | $A_{16}$ | % | 正指标 |
| | | 基尼系数 | $A_{17}$ | – | 逆指标 |
| | | 教育支出占财政支出比例 | $A_{18}$ | % | 区间指标 |
| | 经济 | 人均生产总值 | $A_{21}$ | 万元 | 正指标 |
| | | 单位面积产出率 | $A_{22}$ | 万元/平方千米 | 正指标 |
| | | 第三产业增加值占 GDP 比重 | $A_{23}$ | % | 正指标 |
| | | 科技进步贡献率 | $A_{24}$ | % | 正指标 |
| | | 单位 GDP 能耗 | $A_{25}$ | 吨标煤/万元 | 逆指标 |
| | | 单位 GDP 用水量 | $A_{26}$ | 吨/万元 | 逆指标 |
| | 环境 | 森林覆盖率 | $A_{31}$ | % | 正指标 |
| | | 全年 API 指数优良天数 | $A_{32}$ | 天 | 正指标 |
| | | 单位 GDP 二氧化碳排放量 | $A_{33}$ | 吨/万元 | 逆指标 |
| | | 主要河流三级水质达标率 | $A_{34}$ | % | 正指标 |
| | | 集中式饮用水水源地水质达标率 | $A_{35}$ | % | 正指标 |
| | | 城市生活污水处理率 | $A_{36}$ | % | 正指标 |
| | | 生活垃圾无害化处理率 | $A_{37}$ | % | 正指标 |
| | 文化 | 居民文娱消费占消费总支出的比重 | $A_{41}$ | % | 区间指标 |
| | 政治 | 行政服务效率 | $A_{51}$ | % | 正指标 |
| | | 市民满意度 | $A_{52}$ | % | 正指标 |
| | | 廉洁指数 | $A_{53}$ | 无量纲 | 正指标 |

续上表

| 一级 | 二级 | 三级 | 编号 | 单位 | 指标性质 |
|---|---|---|---|---|---|
| 生态文明趋势 | | 人均一般预算收入增速 | $B_1$ | % | 正指标 |
| | | 高新技术产业增加值增长率 | $B_2$ | % | 正指标 |
| | | 生态文明宣传教育普及率 | $B_3$ | % | 正指标 |
| | | 环境管理能力建设标准化达标率 | $B_4$ | % | 正指标 |
| | | 生态环境议案、提案、建议比例 | $B_5$ | % | 正指标 |
| 生态文明建设能力 | | R&D 经费支出占 GDP 比重 | $C_1$ | % | 正指标 |
| | | 成人平均受专业教育年限 | $C_2$ | 年 | 区间指标 |
| | | 文化产业增加值占 GDP 的比重 | $C_3$ | % | 正指标 |
| | | 环保投资占 GDP 比例 | $C_4$ | % | 正指标 |

### （三）加强宣传教育，形成保护生态环境良好风气

生态文明建设不仅仅是一个目标理想，同时也是一个需要每一个公民参与的历史任务，如何在公众中开展宣传教育，提高人民群众对生态文明的认识水平和参与生态文明建设的积极性，形成保护生态环境的良好风气至关重要。党的十八大报告明确提出："加强生态文明宣传教育，增强全民节约意识、环保意识、生态意识，形成合理消费的社会风尚，营造爱护生态环境的良好风气。"

节约意识、环保意识和生态意识在本质上是相同的，要求考虑环境资源的承受能力与自身实际需求，适度消费，合理消费。

合理的消费指的是文明、节约、绿色、低碳的消费。文明的消费是提倡健康消费、理性消费，强调消费需求的多样性和消费层次的丰富性，消费要满足人的物质需求，又要满足人的精神需求。应摒弃过分强调物质享受的生活理念，注重培养健康的精神消费，促进人的全面发展，提高生命质量。因此，文明消费要求与人的全面发展有机结合起来，要求消费应有利于身体健康、心智健全和创造力自由施展，消费应是适度、有计划、理性地进行，消费结构应逐步调整与改善。合理的消费是节约的消费，节约的消费指的是消费应与社会生产发展保持一致，应与个人消费能力保持一致，消费不应超越社会生产力水平，消费不应超越自身正常消费需求。节

约的消费模式是可持续发展模式的一部分。合理的消费是绿色的消费。绿色的消费是指消费既能满足人的消费需求，又对生态环境不造成损害，是环境友好型的消费。因此，文明的消费观是一种人与自然和谐共生、协调发展的可持续的消费观。这种消费观要求人们在消费时，尊重自然规律，保护生态平衡。文明的消费是低碳的消费。低碳消费是能源节约型的消费，要求在消费环境中采取对资源、能源消耗最小的模式，低碳消费是实现低碳经济的重要环节。

习近平总书记对新华社《网民呼吁遏制餐饮环节“舌尖上的浪费”》的材料作出批示。批示指出，从文章反映的情况看，餐饮环节上的浪费现象触目惊心。广大干部群众对餐饮浪费等各种浪费行为特别是公款浪费行为反映强烈。联想到我国还有为数众多的困难群众，各种浪费现象的严重存在令人十分痛心。浪费之风务必狠刹！要加大宣传引导力度，大力弘扬中华民族勤俭节约的优秀传统，大力宣传节约光荣、浪费可耻的思想观念，努力使厉行节约、反对浪费在全社会蔚然成风。

对于个人，合理消费要求个人在日常生活、工作活动中，不铺张、不浪费，按需消费。最近流行的半份菜、光盘行动等活动均体现了节约的精神。在出行中选择公共交通系统作为出行工具，同样便捷，可以减少能源消耗和污染物排放，总之，合理消费实际上是一种生活态度、一种生活方式，当合理消费从口号变成我们日常生活的一个个小习惯时，合理消费便真正融入我们的生活。

对于企业来说，合理消费要求企业合理使用资源、适度利用环境污染物容量，在生产过程中主动开展技术升级改造，提高资源利用效率，降低污染物产生量。对于生产过程中产生的“废弃物”，积极开展资源化处理，适度延长产业链，变废物为下一个生产环节的原材料，减少废弃物产生。在商品流通环节，通过合理的生产布局、合理的市场布局、绿色的运输链构建，降低商品流通环节的资源、能源消耗。

对于政府来说，合理消费要求政府合理利用财政资源，降低公共管理成本，提供高效、优质的公共服务；合理消费要求政府公共决策综合考虑环境、经济、社会、文化、政治之间的协调，选择可持续的发展模式；合理消费要求政府制止奢侈浪费，严肃整治公款大吃大喝和公款旅游等不良行为。合理消费不应该是一个个口号或者一个个一阵风式的行动，而应该渗透在每一个人、每一个企业、每一个单位的日常活动中，成为一种习惯、一种常态。

## 二、建立国土空间开发保护制度，促进可持续发展

### （一）开展主体功能分区，分区分类管理

#### 1. 基于主体功能区的环境政策调整思路

在落实区域协调发展战略，推进主体功能区的形成过程中，环境政策调整和完善的总体思路是坚持环境保护的基本国策和三项基本政策，针对不同区域的生态环境特征，实施区域差别化的环境政策。建立科学的排放总量控制制度，统筹增量控制和存量调整，制定细分标准和技术指标，组合多种政策工具，突出重点领域，强化监督执法。

（1）重点开发区。

该区域未来的环境问题，主要来自工业化和城市化规模不断扩大的过程中所产生的工业污染和城市生活污染。由于重点开发区承担了其他区域产业转移和人口转移的任务，工业化和城市化的进程将会非常快，环境污染控制必须提早规划、严格执行，环境政策的重点是要严格控制开发过程中新增的环境污染和生态破坏。这类区域的发展规划要特别加强环境影响评价和环境风险防范，采取“预防为主，综合防治”的环境保护模式，重视从源头控制污染。在加大开发的过程中，实行更为严格的环境管理，建立和完善环境准入、环境淘汰和排污许可制度，避免不可持续的生产开发方式对环境造成的破坏。在这些地区，首先是严格控制新的污染源，必须做到增产不增污，同时要逐步缓解既有的结构性污染。

（2）优化开发区。

针对这类区域发展的环境政策，其重点是要发挥环境保护政策的约束和激励功能，促进该区域经济增长方式的转变，着力解决既有的结构性污染。由于这些地区政府的经济力量较强，市场机制较发达，所以相应的政策调整包括两方面：第一，要制定更加严格的环境标准，加强政府环境监管和环境执法，坚决淘汰浪费资源，污染环境的工艺、设备和产品，严格实施排污许可制度，无证企业不得排污。第二，要加强利用环境政策中的市场手段来调节生产和消费行为，如建立排污权交易制度，征收环境税，实行产品的环境认证制度，税收优惠政策等。

（3）生态发展区。

生态发展区的资源环境承载能力较弱，并且该区域的环境状况关系到较大区域范围生态安全的区域，该区域目前已经出现由于不合理开发而造成环境污染和草地退化、水土流失，土地沙化、石漠化等生态环境问题。因此，针对此类区域，一方面要实施更加严格的环境标准，利用环境政策的约束功能限制不合理的开发方式，尽可能减少开发活动中的环境污染。同时，还要进一步完善相关的环境保护相关政策，如退耕还林还草的经济补偿政策、林区职工的安置政策等等，以更好地促进这一区域的生态修复和建设。

（4）禁止开发区。

禁止开发区包括设立的各类自然保护区域和重要饮用水源地，这些区域的生态环境敏感性和生态系统服务功能的重要性较为突出。因此，要实行强制性的环境保护，严格控制人为因素对自然生态的干扰，严禁不符合主体功能区政策的开发活动。环境政策的重点是在严格禁止环境污染的基础上，通过建立和完善有关财政支持制度，加强这些区域的生态建设。此外，禁止开发区多是国家自然保护区，目前仍存在分类型、分等级与分部门重叠交叉的管理体制，不利于主体功能区的形成，还要进一步对自然保护区的管理体制进行改革。

**2. 基于主体功能区战略的广东省环境政策框架**

为了确保各主体功能区功能定位和环境保护目标的实现，应根据各主体功能区面临的环境压力，调整现有环境保护政策，实施基于主体功能区“分类指导、分区推进”的环境政策，主动引导各区社会经济发展，实现全省环境与发展的协调发展。基于上述判断，形成由四大综合政策与四类主体功能区差异化政策组成的广东省环境政策框架。

（1）四大综合政策。

①建立广东省环境与发展委员会，实行环境与经济综合决策。

落实主体功能区战略的关键问题之一就是要改善宏观决策系统，实现环境与经济综合决策，使经济发展与环境保护在较高的层次上统一起来。要实现此目标，则要寻求环境与经济综合决策的具体实施制度，并建立综合决策的组织形式和支持能力。为此，可成立省层面的决策机构——广东省环境与发展委员会。该委员会可由省长任主任，由相关副省长任副主任，其委员由省环保厅、发改委、经信委、科技厅、国土厅、住建厅、财政厅、水利厅、农业厅、人社厅、外经贸厅等省政府职能部门的一把手以及各地市市长组成。

广东省环境与发展委员会主要执行以下职能：一是组织贯彻实施国家环境与发展相关的法律、法规和方针政策；二是组织研究、审定全省重要规划、重要政策和措施，处理环境保护工作中的重大问题；三是统筹各地各部门的发展布局、产业结构、项目建设、工业发展、人口分流与环境保护等决策大计，协调各类生产要素的跨区合理分配，保证各类主体功能区环境与发展的共赢。

委员会下设珠三角、粤东、粤西、粤北四片区分委员会和派出办事机构。四个片区分委员会的职能为：一是贯彻执行省环境与发展委员会有关决定和相关政策；二是负责处理各片区各部门的发展布局、产业结构、项目建设、工业发展、人口分流与环境保护等决策大计，保证各片区环境与发展的共赢。

②实施四类环境规划，主动引导区域发展。

一是进行广东省环境综合功能区划。在《广东省主体功能区规划》的指导下，划定环境介质功能的形式，在空间与时间上给出广东省的环境中、长期目标。在保障全省生态环境系统可持续利用的前提下，综合考虑经济社会与环境的诸多因素，划出集约开发、限制开发与禁止开发区。通过全省环境综合功能区划的实施，引导各类区在空间上按适度的比例分类发展。

二是分片区编制与实施环境与发展规划。该规划在环境功能区划与分类的基础上，侧重提出发展布局、产业结构、生活方式，乃至环境伦理的指导性意见与必要的约束性指标。利用该规划进一步细化经济社会活动在单位空间上所允许的污染物产生量与排放量，以维持环境单元区域性生态稳定、完整，以约束性指标将污染物的产生量与排放量限制在影响最少的空间内。

三是分行政区编制与实施环境保护规划。环境保护规划应作为地市、区（县）环保部门的行动指南，通过明确的环境保护目标与科学、合理的措施，指导各级环保部门进行环境管理工作。

四是按照环境单位的完整性编制和实施污染防治规划。环境污染控制规划体现了环境管理保证自然环境单元完整性与适度打破行政区界限的需求，其实际内容主要由污染控制工程项目构成，体现了环境工程措施由

"被动治理"向"主动防治"转变。污染控制工程主要由各产污、损耗环境的单位，或社会公共设施主管政府部门立项。

③建立新的政府绩效考核制度，引导区域科学发展。

改变目前以 GDP 作为政绩绩效考核的唯一指标，对不同的主体功能区实行不同的绩效评价指标和政绩考核办法。进一步完善考核检查监督机制。要形成一套各级党政监察部门主持，各级人大和政协、组织部门、环保部门和其他有关职能部门参与的监督、检查体制。建立和完善领导干部环保责任追究制度。对党政干部在任或离任后的环保责任进行全过程追踪。对由于领导干部决策重大失误或包庇、干预环保监督、执法工作造成的重大环境事件，应追究领导干部的责任，并真正给予行政、党纪和司法处理，从而对领导干部的决策和管理行为起到警示作用。

④逐步建立健全有利于环境保护的环境经济政策体系。

一是建立基于主体功能分区的生态补偿制度。二是完善收费政策，增大环境收费力度。具体包括：制定污水、垃圾处理费标准分步实施规划，全面予以推进；开征建筑工地扬尘排污收费；开征机动车尾气排污费；完善医疗废物处置收费政策等。三是综合运用多种资源价格，促进环境保护。具体包括：建立水资源有偿使用制度，逐步形成促进水资源可持续利用为核心的水价形成机制和综合调控机制；完善节能降耗环保价格政策，助推污染产业升级；制定综合利用资源的价格政策等。四是完善绿色信贷政策，防止"双高"产业的盲目扩张。五是实施绿色贸易政策，逐步逆转资源环境逆差。具体包括：建立基于资源环境的市场准入—准出制度；健全进口废物贸易政策，有效防范废物贸易风险；积极引导合作，和平利用全球环境资源。

（2）四类主体功能区差异化环境政策。

①优化开发区的环境政策。

一是制定基于强化环境保护的产业升级规划，有步骤地实现产业升级；二是开展环境污染责任保险试点，并逐步扩大该政策的实施范围；三是利用绿色信贷杠杆，加速产业结构"绿化"；四是试行区内、跨区排污权交易，激励企业主动治污；五是执行国际先进水平的产业环境准入标准；六是提高强制清洁生产密度，鼓励企业主动进行清洁生产；七是严格控制建设用地增量，盘活存量；八是促进人口流动，聚集城市人口，保障社会就业；九是淘汰落后产能，积极加速产业结构升级；十是加大对产业升级与环境保护的财政倾斜；十一是提高投资的经济效益与环境效益。

②重点开发区的环境政策。

一是制定促进跨越式环境与经济社会协调发展的新规划，主动引导发展；二是选择重点行业、重点地区进行环境污染责任保险试点；三是利用绿色证券政策，促使上市企业“绿化”；四是执行国内先进水平的产业环境准入标准；五是鼓励进行清洁生产，进行循环经济园区试点；六是把好土地审批关，实现土地价格真实反映土地开发的环境成本；七是探索建立自觉吸纳外来人口的经济激励机制，吸纳劳动力，合理安排与利用；八是集中力量发展优势产业，实现集聚化、循环化；九是财政支持环境优化产业与环境基础建设；十是合理安排开发时序，鼓励创业。

③限制开发区的环境政策。

一是制定保障食品与生态安全的产业发展规划，主动预防污染；二是进行跨区排污权交易试点，补偿区域发展权损失；三是执行国内先进水平的产业环境准入标准；四是限制进入行业并进行强制清洁生产，并鼓励其他企业进行清洁生产；五是在严格保护耕地前提下，适度开发土地资源；五是执行限制加引导的人口政策；六是有选择地承接产业，引导合理布局；七是财政支持发展生态农业与基础设施建设；八是适当增加对生态农业的投资。

④禁止开发区的环境政策。

一是编制生态旅游环保规划；二是制定严格的旅游生态化地方标准，整顿旅游开发活动；三是实施严格的土地保护政策；四是实行主导性的人口迁移政策；五是适度发展生态旅游；六是严格控制投资，提高生态旅游投资的环境友好度。

## （二）大力推进产业转移，优化空间发展

### 1. 产业转移工作进展

改革开放以来，广东省经济腾飞，然而产业结构不尽合理、区域发展不均衡等问题日益突出。国家发改委制定的《珠江三角洲地区改革发展规划纲要（2008—2020年）》在规划广东产业升级时，提出要“淘汰一批落后企业，转移一批劳动密集型企业，提升一批优势企业，培育一批潜力企业”。

为了加快广东省山区及东西两翼经济发展，促进珠江三角洲产业结构

优化升级，广东省政府于 2005 年提出“山区及东西两翼与珠江三角洲联手推进产业转移”的设想。产业转移主要以产业转移园为载体，按照政策规定，转移双方根据合作开发协议，由承接产业的地区政府经国务院、省政府批准，可在承接地设立产业转移园区。产业转移园由珠江三角洲的地区政府负责组织、规划、投资、开发、建设和招商引资等工作，并按商定比例在一定时期内进行利益分成。

截至 2013 年 3 月，全省经广东省经信委认定的产业转移园区共 36 个。

**2．产业转移制度建设情况**

广东省委、省政府及各主管部门就产业转移已发布了数十个文件，内容涉及产业转移的形式、原则、管理、产业布局、土地利用、产业转移过程中的环保工作等规定和具体要求。

《广东省产业转移区域布局总体规划》对推进产业转移工作的制度保障进行了详细的描述。具体包括：

（1）建立产业转移的组织领导制度。在省推进产业转移和劳动力转移工作领导小组领导下，建立健全推进“双转移”工作机构，统筹协调指导全省产业转移和劳动力转移工作。

（2）完善规划引导相关制度。各地应根据本规划，结合《珠三角改革发展规划纲要》和广东省主体功能区、土地利用、环境保护、城镇体系等相关规划及城市总体规划的要求，制订本地区产业转移规划，出台产业转移实施方案。

（3）完善配套土地政策，加大用地扶持力度。

（4）建立规范的产业转移财政资金管理制度。实行财政专账管理，做到专款专用，并确保 14 个欠发达市和江门市以每年 1 亿用的扶持资金投入到当地产业转移工业园的建设中去。各地同时要加大财政扶持力度，拓宽资金筹措渠道，创新“政府搭台，公司化运作”模式，积极引导和带动社会资金投入园区建设。

（5）严格环境管理制度。按照分区控制原则积极引导产业转移。严格环保准入，严防污染转移。

（6）建立和完善就业服务体系，推进劳动力转移的协同转移。构建省、市、县（区）和镇（街道）促进农村劳动力培训转移就业四级工作网络，完善转移就业公共服务体系，加强就业指导、职业介绍、劳动力供求信息发布等就业服务，大力推进农村劳动力就地就近就业。

（7）完善产业转移目标考核制度。明确珠三角地区与粤东西北及中部地区合作方案，界定产业转出地和转入地地级以上市政府的责任和义务，落实目标责任考核。

（8）建立健全合作共建机制。充分发挥珠江三角洲地区的辐射、服务和带动功能，促进要素流动和产业转移，形成梯度发展、分工合理的多层次产业群和优势互补、互利共赢的产业协作体系。

在《关于加强广东省山区及东西两翼与珠江三角洲联手推进产业转移中环境保护工作的若干意见（试行）》中，明确指出山区及东西两翼多位于广东省的水源地，担负着保障全省生产、生活饮用水源安全的重任，是广东省重要的生态屏障，在全省产业转移过程中要做好环境保护工作，促进山区及东西两翼经济、社会和环境的可持续发展。

2008年，在广东省主体功能分区规划纲要基本完成的基础上，广东省政府发布了相关文件，决定在产业转移的基础上推进产业转移和劳动力转移；同时，广东省经贸委发布了《广东省产业转移区域布局指导意见》，该指导意见对产业转移的工业布局、产业结构调整做了相应的规定。

2011年7月，广东省政府发布了《关于进一步推进省产业转移工业园合作共建工作的指导意见》，该指导意见主要从合作共建工作的基本原则、方式创新、利益分享机制探索和完善管理体系等方面进行规定，促进省产业转移工业园开发建设步伐，强化省产业转移工业园合作双方的共建责任，优化产业分工、促进产业对接、创新合作方式，把省产业转移工业园建设成为珠三角地区产业转型升级的重要平台和粤东西北地区新的经济增长极。

2011年，双转移办公室提出整合“双到”和“双转移”政策优势，综合运用部门资金、技术等政策资源，形成推进扶贫开发工作的合力。以省产业转移园开发建设为依托，推动产业转移与推进贫困地区产业化进程相结合，扶持省产业转移工业园项目建设和促进产业扶贫基地化相结合，强化贫困农民劳动技能培训就业和拓展贫困农民增收渠道相结合，实现农民得实惠、企业得市场、发展得空间、帮扶得荣誉、政府得民心的工作目标。

为了破解产业转移中遇到的瓶颈问题，进一步推进产业转移工作实现新突破，省政府制定《关于优先扶持产业转移重点区域重点园区重点产业发展的意见》，该意见提出了扶持重点和扶持原则，对重点区域重点园区重点产业发展加大项目布局扶持力度、加大土地政策扶持力度、加大财政政策扶持力度、加大金融服务力度、强化环境资源保障、强化人力资源保障、强化体制机制保障和加强组织领导。

在园区建设机制完善上，省政府不断总结经验、积极创新，2012 年年底，制定了《关于建立政府园区协会三结合工作机制的指导意见》，“三结合”机制强调在遵循市场规律的前提下，加大政策支持和工作推进力度，整合优化政府、园区、协会三方资源，以推动珠三角地区“腾笼换鸟”和东西北地区省产业转移工业园建设为着力点，进一步加强政府引导和服务职能，发挥协会行业引领作用，优化园区人力资源配置，助推产业转型升级，加快提升省产业转移工业园建设发展质量，推动当地产业转型升级和结构优化调整，促进区域经济协调健康可持续发展。

### （三）完善环境保护制度，保护生态环境

生态环境保护是一项必须持续、长期、不断开展的工作，生态环境保护不仅需要大量的人力、物力的投入，更需要完善的制度保障。近年来，广东省在环境保护制度建设上做了大量的努力，并取得了一定的成绩。2008 年 10 月，省政府建立了珠江三角洲区域大气污染防治联席会议制度，使广东成为全国较早建立区域大气污染防治联席会议的省份；2009 年 5 月，《广东省珠江三角洲大气污染防治办法》颁布实施，这是中国内地首个明确规定区域大气污染联防联控工作机制的地方政府规章；2010 年 2 月，《广东省珠江三角洲清洁空气行动计划》颁布实施，这是全国第一个制定实施的区域清洁空气行动计划。

近十年来，广东省先后制（修）订了 8 部地方环保法规，出台了 5 部环保政府规章，公布实施了超过 20 项的地方性环境标准。仅“十一五”期间，广东省便先后制（修）订《广东省饮用水源水质保护条例》等 3 部地方环保法规，出台《广东省排污费征收使用管理办法》等 4 部环保政府规章，公布实施《火电厂大气污染物排放标准》等 18 项地方性环境标准。

“十二五”期间，广东省计划修订完善现有地方性法规规章，建立与国家法律法规相衔接的地方环境保护法规体系。适时提请修订《广东省环境保护条例》，进一步明确各级政府在环境保护工作中的责任，建立完善排污许可证发放、污染源在线监控、排污权有偿使用和交易、企业环境信用管理、环境污染责任保险、环境公益诉讼等制度。适时提请修订《广东

省东江水系水质保护条例》和《广东省珠江三角洲水质保护条例》，加快制订《珠江三角洲大气污染防治条例》、《广东省排污许可监督管理条例》、《广东省农村环境保护条例》、《广东省土壤环境污染防治管理办法》、《广东省电磁辐射污染防治管理办法》等环境法规规章，为环保工作提供坚实的法制保障。在环境保护标准方面，广东省提出制订并实施指标更完善、要求更严格的污染物排放地方标准。加快制订广东省典型行业挥发性有机物排放标准、在用船舶柴油机排气污染物排放标准、炼油与石化工业大气污染物排放标准、重点流域水污染物排放标准以及印染、化工等行业污染物排放标准。针对重金属特征污染物，开展重点区域重金属污染标准研究制订工作。在珠江三角洲地区实施严于其他地区的污染物排放标准。

## 三、积极探索制度创新，构建生态文明制度保障

### （一）探索生态补偿制度，体现资源价值

#### 1. 生态补偿制度是生态文明制度建设的重要内容

当前，我国在生态保护方面的一个突出问题就是仍存在着结构性的政策缺位，特别是有关生态建设的经济政策。这种状况导致生态效益及相关的经济效益在保护者与受益者、破坏者与受害者之间分配的不公平；导致受益者无偿享受生态效益，保护者得不到应有的经济激励，破坏者无需承担破坏生态的责任和成本，受害者得不到应有的经济赔偿。这种生态保护与经济利益关系的扭曲，不仅使我国的生态保护面临很大困难，还影响了地区之间、各利益相关者之间的协调与和谐。要解决上述问题，必须建立生态补偿机制，以便调整各利益相关者生态效益及其经济利益的分配关系，促进生态环境保护，促进城乡间、地区间和群体间的公平性和社会的协调发展。

十八大报告提出了优化国土空间开发格局、全面促进资源节约、加大自然生态系统和环境保护力度和加强生态文明制度建设等生态文明建设的四大任务。其中生态文明制度建设将“深化资源性产品价格和税费改革，建立反映市场供求和资源稀缺程度、体现生态价值和代际补偿的资源有偿使用制度和生态补偿制度”作为一项重要工作重点提出。

#### 2. 建立生态补偿制度已成全国共同呼声

尽快建立生态补偿机制的要求已成为全社会的共同呼声。全国人大代

表和政协委员多次提案，呼吁尽快建立相关机制和政策。第十一届全国人民代表大会期间，生态补偿成为全国代表关注的焦点。有的代表建议对东江源区给予生态补偿；有的代表建议尽快完善国家生态补偿机制，制定全国统筹的生态补偿政策，进一步加大财政对西部，特别是禁止开发区和限制开发区的支持；有的代表建议国家构建合理的生态补偿机制，实施生态补偿政策，使贫困地区和生态环境保护任务较重地区的保护者从利益上得到补偿；有的代表建议制定系统的补偿办法，加大生态补偿的立法力度，建立合理的生态补偿转移支付机制；有的委员建议建立多层次生态补偿机制；有的委员建议建立草原生态补偿长效机制。与此同时，学术界也开展了相关的研究工作，特别是关于生态系统服务功能的价值评估和生态系统综合评估等研究，为生态补偿机制的建立和政策设计提供了一定的理论依据。

中央政府和许多地方积极试验示范，探索开展生态补偿的途径和措施。2005 年 12 月颁布的《国务院经济和社会发展第“十一个”五年规划纲要》、《国务院关于落实科学发展观加强环境保护的决定》、《国务院 2007 年工作要点》、《节能减排综合性工作方案》等关系到我国未来环境与发展方向的纲领性文件中都明确提出，要尽快建立生态补偿机制。为了探索解决日益凸显的流域环境保护与上下游经济发展矛盾，国家在《关于开展生态补偿试点工作的指导意见》和《节能减排综合性工作方案》中均明确提出要推动建立流域水环境保护的生态补偿机制。为了建立有利于生态保护和建设的长效机制，党中央、国务院又提出，“按照谁开发谁保护、谁破坏谁治理、谁受益谁补偿的原则，加快建立生态补偿机制”的任务要求。

**3. 国家生态补偿立法工作有条不紊开展**

2010 年 4 月 26 日，由国家发改委牵头的《生态补偿条例》起草工作正式启动。自 6 月底开始，围绕《生态补偿条例》的调研工作密集展开。由财政部、国土部、环保部等 14 个部委组成的调研小组先后奔赴各地进行调研。2010 年 6 月，生态补偿条例调研组至广东与江西两省调研东江流域生态补偿情况。2010 年 10 月，生态补偿立法与流域生态补偿国际研讨会在四川省雅安市举行，在会上，生态补偿条例起草小组发布了《生态补偿条例框架草案》。2013 年年初，《生态补偿条例草案》已经形成，正在广泛征求意见。同时，国家发改委会同财政部等有关部委正在研究起草《关于建立完善生态补偿机制的若干意见》，国务院将通过该文件对生态补偿涉及的主要问题提出原则性意见。

生态补偿条例立法工作有条不紊地推进开展的同时，省级生态补偿制度建设与实践也在纷纷开展。浙江省于2005年制定了《浙江省人民政府关于进一步完善生态补偿机制的若干意见》，2008年制定了《浙江省生态环保财力转移支付试行办法》，将生态公益林建设、水库建设、流域水环境质量的提高、大气环境质量的改善作为公众指标纳入其中。山东省于2007年出台了《山东省人民政府办公厅关于在南水北调黄河以南段及省辖淮河流域和小清河流域开展生态补偿试点工作的意见》。海南省于2009年制定了《海南省万泉河流域生态环境保护规定》，其中第五条规定“建立健全万泉河流域生态环境保护补偿机制”。福建省于2007年出台了《福建省闽江、九龙江流域水环境保护专项资金管理办法》，此办法是为健全流域上下游生态补偿机制而建立的，主要涉及工业污染整治及防治、规模化畜禽养殖污染整治、饮用水水源保护规划及整治等项目。江苏省于2007年制定了《江苏省环境资源区域补偿办法（试行）》，同年出台了《江苏省太湖流域环境资源区域补偿试点方案》。辽宁省于2008年出台了《辽宁省跨行政区域河流出市断面水质目标考核暂行办法》。河南省于2008年出台了《河南省沙颍河流域水环境生态补偿暂行办法》，主要是针对化学需氧量、氨氮的区域补偿。陕西省于2009年出台了《陕西省渭河流域生态环境保护办法》，其中第四十条规定：“按照‘谁污染谁付费，谁破坏谁补偿’的原则，逐步建立渭河流域水污染补偿制度。”这一制度主要针对断面，即上下游水污染补偿问题。

生态补偿作为实现流域上下游生态保护责任的共同分担、协调区域发展等方面的作用已经为各地政府所认同，无论是在国家层面，抑或是在地方层面，均出现积极推进生态补偿制度建设与实践的态势。广东省作为改革开放的排头兵，作为全国解放思想的前沿阵地，同时也先于我国其他省市面临生态环境保护与区域协调发展的双重问题，在此历史条件下，广东省也发挥改革开放的精神，积极探索生态补偿制度建设与实践。

**4. 广东省积极开展生态补偿制度创新**

2012年4月，省政府印发《广东省生态保护补偿办法》。省财政从2012年起每年安排生态保护补偿转移支付资金，对生态地区给予补偿和激励。补偿资金按县（市）测算，列入补偿范围的县（市）须同时满足以下三项条件：一是广东省主体功能区规划中的生态发展区域；二是属于国家级和省级重点生态功能区；三是位于广东省经济欠发达地区的建制县（市）。按照生态保护等级，将列入补偿范围的县（市）分为两类，第一类为国家级生态区，即属于国家级重点生态功能区范围的县（市）；第二类为省级生态区，即属于省级重点生态功能区范围的县（市）。对列入补偿的县（市）发放生态保护补偿转移支付资金，该项资金由省财政根据财力情况，每年确定分配总额，并按各50%的比例确定基础性补偿资金与激励性补偿资金的分配额。生态保护补偿资金主要用于生态环境保护和修复、保障和改善民生、维持基层政权运转和社会稳定等方面。省财政厅将定期对生态保护补偿资金的管理使用情况进行监督检查。办法还制定了具体的基础性补偿和激励性补偿计算方法以及计算所需生态保护指标和数据来源，确保该生态补偿办法的可操作性。

2012年，广东省林业厅选择湛江红树林国家级自然保护区、惠东港口海龟国家级保护区、海丰公平大湖省级自然保护区、河源新港省级自然保护区、韶关乳源南水湖国家湿地公园、广州南沙湿地等6处具有典型代表性的重点湿地区域，开展湿地生态效益补偿试点工作。广东省湿地生态补偿试点考虑到湿地利益相关者不同特征，采取专家论证后按“一区一制”的方式制定生态效益补偿方案，分别实施生态效益补偿；一年后总结试点工作经验，扩大范围对重点湿地进行调研、评估，形成《广东省重点湿地生态效益补偿办法》，力争三年内在全省全面铺开重点湿地生态效益补偿。

为缓解生活垃圾终端设施周围居民的反对，广州市于2012年5月开始实施《广州市生活垃圾终端处理设施区域生态补偿暂行办法》（下面简称《办法》）。《办法》以污染者付费、生活垃圾终端处理设施所在区为受偿区，生活垃圾输出区为补偿区为原则，以补偿处理区损失的方式，建立生活垃圾处理设施生态补偿机制，力求解决垃圾处理设施选址困难，化解区域矛盾，平衡垃圾产生区与处理区之间利益关系。《办法》明确，对进入市属终端处理设施的生活垃圾，缴纳生态补偿费。补（受）偿以区一级政府为对象。机关、学校、企业等单位自运进入终端处理设施的生活垃圾，按属地管理原则计入各区生活垃圾总量。同时，焚烧厂的飞灰、灰渣，市政污水处理厂的应急污泥，水域保洁垃圾，政府部门应急的专项处理物品等特殊垃圾不纳入生态补偿范围。生活垃圾（含餐厨垃圾）生态补偿费标准定为75元/吨，其中5%用于实施该项目的工作经费。支出范围在《实施细则》中有明确规定。

除此之外，广东省环保厅、各地市环保局多次委托国内环保科研单位开展生态补偿制度研究。例如，省环保厅先后委托环境保护部华南环境科学研究所开展“广东省流域环境资源有偿使用研究”和“广东省生态补偿机制政策研究”等生态补偿制度研究项目。2004 年，河源市委托环境保护部华南环境科学研究所开展新丰江流域水资源有偿使用机制研究；大量的研究积累为广东省建立生态补偿制度奠定了理论基础。

### （二）改革排污收费和排污权交易制度，激励减排动力

排污收费制度改革主要有两个方向，一个是建立差别化排污收费制度，一个是开展排污权交易。差别化排污收费制度通过制定非均一的排污收费标准，利用价格杠杆激励排污大户主动减排。排污权交易是在区域或流域总量控制的框架下，建立排污权交易市场，通过不同排污者间排污权的交易，促使部分有减排潜力的企业主动减排，同时提高污染严重企业进入门槛。排污染交易相较于差别化排污收费制度更加灵活，更加有利于最大限度地利用企业的减排潜力。

#### 1. 差别化排污收费制度

差别化排污收费制度主要包括对需要严控污染物的行业、区域、流域内的污染源以及其他需要严控的污染源，征收高于其他污染源标准的排污费，利用排污费价格杠杆引导企业主动采取减排措施，达到污染物排放总量下降的目的。

2010 年，广东省政府发布《关于调整广东省二氧化硫化学需氧量排污费征收标准和试点实行差别政策的通知》。根据该文件，二氧化硫排污费征收标准由 0.60 元/污染当量提高到 1.20 元/污染当量，化学需氧量排污费征收标准由 0.70 元/污染当量提高到 1.40 元/污染当量。同时，在广东省内的燃煤电厂排放二氧化硫和废水、国家重点监控工业企业排放化学需氧量实行差别排污费政策。在同一污染物排放口征收废气排污费或污水排污费时，首先计征二氧化硫或化学需氧量排污费，然后再以污染当量数从多到少的顺序计征其他污染物的排污费。

2007 年，太湖蓝藻大面积暴发后，江苏省政府规定沿太湖流域的工业企业向太湖排污的，其排污费标准由统一的 0.7 元/污染当量提高至 0.9 元/污染当量。2010 年，江苏省再次提高太湖流域污水排污费至 1.4

元，涨幅达56%。

黑龙江省于2012年调整二氧化硫及化学需氧量排污费征收标准，对未完成烟气脱硫设施建设或二氧化硫超标排放的，征收标准由目前每公斤0.63元，分两年提高到每公斤1.26元。即自2012年8月1日起，征收标准调整为每公斤0.95元；自2013年8月1日起，征收标准调整为每公斤1.26元。对已完成烟气脱硫设施建设且二氧化硫达标排放的，征收标准仍按每公斤0.63元执行。

差别化排污费通过对于严格控制排污的区域、流域内的排放源以及重点排放源，按照较高标准征收排污费，有利于激励企业主动采取减排措施。差别化排污费这一经济杠杆较之传统行政手段具有灵活性，而且可以激励已经达标排放的企业进一步减少排放。

**2. 排污权有偿使用与交易制度**

排污权有偿使用和交易制度是环境经济制度的重大创新，通过树立“容量有限、资源有价、使用有偿”的环境资源价值理念，有利于推动企业自主创新和技术进步，提高污染减排的主动性和积极性，降低污染治理成本；有利于加快淘汰落后产能，提高环保准入门槛，为建立现代产业腾出环境容量，促进产业布局优化和转型升级；有利于促进环境管理方式由粗放型向精细化转变，全面提升环境管理水平；有利于创新环境管理体制机制，完善生态文明制度建设。

排污权有偿使用和交易是指在满足环境质量要求和主要污染物排放总量控制的前提下，排污单位对依法取得的主要污染物年度许可排放量在交易机构进行公开买卖的行为。排污权有偿使用和交易制度主要通过改革主要污染物排放指标分配办法和排污权使用方式，建立排污权一级、二级市场和交易平台，逐步实现排污权由行政无偿分配转变为通过市场方式有偿取得，推进形成既符合市场经济规律，又充分反映污染防治目标要求的环境保护长效机制，促进环境保护和经济社会协调发展。

已有排污权单位通过实施工艺更新、清洁生产以及强化环境治理，主要污染物年度实际排放量低于年度许可排放量的，富余排放量可以在排污权交易平台上进行交易，而需要排污权的企业亦可以通过排污权交易平台购买排污权。

**3. 排污权有偿使用和交易试点做法**

早在上世纪80年代末90年代初，上海便率先开展大气污染控制方面的排污权交易试点工作。2001 年，我国首例二氧化硫排污权在江苏省南通市成功交易。2002 年，原国家环境保护总局在山东、山西、江苏、河南、上海、天津、柳州以及中国华能集团公司，开展“推动中国二氧化硫排放总量控制及排污交易政策实施的研究项目”，积累了大量的排污染交易研究基础。2007 年，国内首个排污权交易平台——浙江省嘉兴市排污权储备交易中心揭牌成立。该平台的成立，意味着国内的排污权交易开始实现规模化、制度化。随后，越来越多的地区开始排污权交易实践探索与制度建设，全国各地纷纷成立排污权交易中心。

广东省在排污权交易方面的探索开始相对较晚。2009 年 9 月，省环保厅率先在广东省的电力行业中进行二氧化硫排污权交易试点，同时以淡水河流域深圳段为试点，对主要水污染物化学需氧量排污权交易制度实践进行基础性研究和探索。2012 年下半年，佛山市政府在《佛山市加强环境保护推进生态文明建设实施方案（征求意见稿）》中提出建立排污权有偿使用和交易制度，开展排污权有偿使用和交易试点工作。

2013 年 1 月，广东省政府发布实施了《关于在广东省开展排污权有偿使用和交易试点工作的实施意见》（下面简称《意见》），《意见》规定选择二氧化硫和化学需氧量作为试点的污染因子，开展排污权有偿使用和交易，其中二氧化硫排污权交易在全省范围内开展试点，化学需氧量排污权交易在限定的流域内开展试点。《意见》对全省排污权有偿使用和交易试点工作的交易市场建设、交易准入条件、排污权有偿使用费的征缴、排污权交易价格、交易资金的使用和交易平台等方面进行详细规定。

## 四、加强环境监管，建设良好人居环境

### （一）严控污染源，全面开展节能减排

生态环境质量保护一个重要的方面是严格管理污染源及其排放行为，包括排污单位的立项与建设环节的监管、单位排污行为的监管和污染物集中处理处置。只有从以上三方面入手，全面加强污染源管理，才能实现区域节能减排目标。

广东省以铁腕治污的决心，环保提前介入从源头严控高污染项目建设，加强污染源排污行为的监控，推动减排工程建设，广东省主要污染物

减排工作取得突破性进展。

环保部门充分发挥总量前置审核、规划环评、环保标准等作用，促进广东省经济增长方式转变。广东以污染物排放总量实施分区控制，推动了珠三角地区劳动密集型产业转移和高污染产业淘汰，为先进制造业、高科技产业等高附加值产业提供发展空间。以 2012 年为例，全省审批建设项目 4.3 万多个，对“两高一资”、产能过剩行业项目严格把关，建设项目环评否决率超过 4%。同时，环保部门对省重点项目和战略性新兴产业等现代产业体系项目开辟“绿色通道”，平均审批时间仅 6.5 个工作日，并主动提供项目选址、污控技术等环保服务。一张一弛间，污染减排有效倒逼转型升级，促进了全省经济又好又快发展，2012 年广东省万元 GDP 主要污染物排放量同比大幅下降。

“十一五”期间，广东省以环境基础设施建设为重点，全力推进污染减排，取得了显著成效。全省实现县县建成污水处理厂，新增污水处理规模 1105 万吨，日处理能力达 1739 万吨，是 2005 年的 2.8 倍，占全国 1/8 强，居全国首位；新增脱硫机组装机容量 3137 万千瓦，12.5 万千瓦以上燃煤火电机组全部安装脱硫设施，脱硫机组装机容量累计达 3557 万千瓦，是 2005 年的 7 倍多。全省共关停小火电 1221 万千瓦，淘汰落后水泥产能 5782 万吨、钢铁产能 1275 万吨、造纸产能 34 万吨，均超额完成国家下达的任务。2010 年全省化学需氧量和二氧化硫排放量分别比 2005 年下降 18.88% 和 18.81%，均超额完成“十一五”国家下达的减排 15% 的任务。2012 年，广东省化学需氧量、氨氮、二氧化硫和氮氧化物排放量分别比前年下降 4.33%、2.92%、5.73% 和 6.11%，四项指标均超额完成国家下达的年度减排任务。

加快重点污染源在线监测系统建设，全省安装污染源在线监控设备的企业已达 1200 多家。238 家国控重点源在线监测设备安装率及联网率均达到 100%，全省 21 个地级以上市污染源监控中心（平台）已全部建成。在线监测系统的建设有利于加强环境保护行政主管部门对重点污染源的日常监管，监督企业达标排放。

对于环境违法企业，做到坚决打击惩处。利用法律的手段惩戒环境违法企业，敦促企业规范自身行为，减少环境违法现象。“十一五”期间，广东全省共立案查处环境违法案件近 4 万宗，限期整改及治理企业 3.2 万家，关停企业 1.1 万家。

再过去一个时期内，广东省在严格污染源监管，全面推进节能减排工作上取得了令人瞩目的成绩，在“十二五”期间，应及时总结经验教训，进一步完善环境监管制度、提高环境管理能力，深挖节能减排潜力。

### （二）持续改善人居环境，提升群众幸福指数

党的十八大明确要求“为人民创造良好生产生活环境”。2011 年广东省委十届八次全会中，广东省省委书记汪洋提出建设幸福广东的目标任务。人们在日常生活中受人居环境紧密包围，人居环境质量直接影响人们的生活质量与感受。良好的人居环境，是人们幸福生活最为重要的组成之一。可见，持续改善人居环境，为广大人民营造良好的人居环境，保障人民幸福生活，是生态文明建设的重要环节，同时，人居环境改善也紧扣生态文明建设中改善人民生活的内涵核心。

随着经济发展与人民生活水平提高，人们对生活环境的要求逐渐提高，上世纪末，我国提出“人居”概念，表达追求高品质生活的愿望。2000 年，建设部设立了“中国人居环境奖”，并提出了“创造充分的就业和创业机会，建设空气清新、环境优美、生态良好的宜居城市”的目标。此后，越来越多的地区政府在制定城市发展规划时，将“宜居”作为城市发展目标。例如，深圳市提出建设最适宜居住的城市，北京市提出建成宜居城市，银川市提出建设西北地区最适宜居住的城市，秦皇岛提出打造适宜人居的北方滨海城市，洛阳市提出建设中西部地区最美丽、最适宜人居的城市，天津市提出打造生态宜居城市，杭州市提出建设滨水宜居城市，肇庆市提出建设安居、康居、乐居、具有岭南特色的宜居城乡等等。

2009 年，广东省政府发布《中共广东省委办公厅、广东省人民政府办公厅关于建设宜居城乡的实施意见》，文件要求以开展宜居城乡创建活动为手段，通过推动住有所居、改善人居环境、加强社会管理、完善公共服务，实现全省城乡全面、协调和可持续发展。在改善人居环境方面，该实施意见提出加强环境保护、营造绿色开敞空间、严格实施节能减排、加快污水和垃圾处理设施建设、综合整治村镇环境等具体措施。为推进宜居城乡工作，实施意见提出开展宜居城乡创建活动，在全省不同类型地区开展创建“宜居城市”、“宜居城镇”、“宜居村庄”和“宜居社区”的试点工作。随后，省政府印发《广东省创建宜居城乡工作绩效考核办法（实行）》、《广东省宜居城镇、宜居村庄、宜居社区考核指导指标及宜居环境

范例奖申报和评审办法》等文件。全省宜居城乡建设工作如火如荼地开展。此后，广东省政府先后公布了两批广东省宜居示范城镇、示范村庄名单，共有120个城镇获得“广东省宜居示范城镇”称号，320个村庄获得“广东省宜居示范村庄”称号。

# 第八章　生态文明建设效益与展望

## 一、生态文明建设的效益

生态文明建设关系人民福祉、关乎民族未来的长远大计。必须把经济社会发展与生态文明建设统一起来、统筹安排，坚持在生态保护中谋发展，在发展中促进生态保护，最大限度地合理利用资源；坚持经济效益、社会效益和生态效益相统一，实现生态效益最大化。

### （一）生态文明建设的环境效益

自然界是人类赖以生存和发展的基础，人类为了自身的生存与发展需要利用自然资源改造自然环境，但我们不能无节制地开发和利用自然资源，不能忽视自然规律去改变自然环境，更不能牺牲人与自然的和谐关系。恩格斯说过“我们不要过分陶醉于我们人类对自然界的胜利。对于每一次这样的胜利，自然界都对我们进行报复。每一次胜利起初确实取得了我们预期的结果，但是往后和再往后却发生完全不同的、出乎预料的影响，常常把最初的结果又消除了”。改革开放以来，我国经济发展取得了令人瞩目的伟大成就。但是我们要清醒地看到我国经济增长方式粗放问题十分突出，资源环境面临的压力越来越大，可持续发展战略面临严重挑战。实施生态文明建设的过程就是在人与自然和谐相处的情况下，合理利用自然资源，为人类建设资源节约型、环境友好型社会的过程。

#### 1. 促进区域生态安全格局形成

生态文明建设通过更加明确的生态功能分区，对不同生态敏感性和适宜性区域相应的生态环境服务和利用功能加以说明，在此基础上结合自然生态保护区、生态敏感区、水源地涵养区、风景名胜旅游区等大型自然板块的管育，维护生态环境整体的稳定性和区域生态过程的连续性，培育生态廊道，构筑区域生态安全格局。保障森林覆盖、水土流失防治、水源地保护等生态文明建设各相关指标得以圆满完成，为野生动植物提供更广阔、更通畅的生存活动空间。并进一步改善生活区面貌，为人民的生活提供优美充足的场所，加强城市与乡村和谐统一发展。

**2. 有效提高资源利用效率**

通过生态文明建设，气候资源、水资源、地热资源、水力、海潮等可再生资源和矿产资源中核燃料、化石燃料等不可再生资源能够在保持合理资源开发的同时，满足经济发展和社会进步的需求，实现生产、生活和生态的协调利用。比如通过河流水库和水电站等的建设既能保证农田的灌溉，周围居民的生产生活用水又能通过科技将水利资源转变为电力，造福人民。我们通常所担心的矿产资源通过清洁生产和循环经济就可以实现“减量化”、“再使用”、“资源化”，以达到减少进入生产流程的物质量，以不同方式多次反复使用某种物品和废弃物的资源化的目的。

**3. 有效遏制生态退化趋势**

生态文明建设的实施，将极大提高对资源的保护和管理能力，使生态退化的趋势基本得到遏制，使生态环境得到改善，形成水域、土壤、湿地、森林等多种生态系统，增强生态系统服务功能，增加生物多样性，使人类社会生产力得到有效保障和发展。

通过生态文明建设使全社会提高对生态稳定性的认识，加深水资源、野生动植物、湿地等自然界构成与人类自身生态关系的了解和认知，并以此为契机，达成保护生态系统就是保护人类生存与发展空间的基本共识，进而转化为保护生态平衡的自觉行动；并将形成一套适应生态系统保护和合理利用的建设和管理经验，形成生态系统的监测和信息管理决策系统，为科学管理、积极保护和合理利用生态资源提供理论和技术支持，最终通过实施一系列的生态保护工程对自然界生态系统加以强化和保护。

**4. 有效消减污染物排放**

生态文明建设要求采取有效措施消减污染物排放，比如建设污水截流与输送管网，大大提高废污水处理能力，能够有效削减工业生活和居民生活产生的污染负荷，从基础设施建设上保证污染物排放总量控制制度的落实，城镇生活污水集中处理率得到提高，将大大降低排放河流的污染负荷量，对改善水域尤其是河网地区水质起到重要作用。

利用政策和法规措施的适度调节，最大限度地减少城镇企业中小型锅炉的使用量，实行大吨位锅炉联片集中使用，可以使中小型燃煤锅炉的脱硫效率低，处理费用高的问题得到解决，再逐步改变燃料结构，有效地减少二氧化硫的排放。而开展电厂脱硝工程，也将有效降低外排进入大气的氮氧化合物。通过推进新能源发展和产业提升，也能有效降低工业废气的排放，对促进环境质量起着明显的推动作用。通过建立固体废物回收利用网络信息系统，开展对历年贮存工业固体废物的利用、处置，提高城镇工业固体废物的综合利用比率；并逐步实施生活垃圾分类收集；对危险废物采取集中收集和集中处理，实现生活垃圾的减量化、资源化和无害化，城镇生活垃圾无害化处理率达100%。

**5. 有效改善城乡景观生态质量**

通过城区、城郊绿地系统和生态小区建设，结合城市建设景观风貌的总体控制方案及重点工程项目的实施，逐步形成生态功能完善、环境优美、生活舒适的人居环境。全面发展生态农业和建设生态村镇，推动农产品的无公害化生产，防止和控制农作物污染及规模化养殖业污染，在抓好绿色农产品基地建设和生态农业网络体系建设的同时，积极推动农村清洁能源建设和生态村镇建设，不断改善农业生态环境条件，成为城镇生态系统健康的有力支撑，通过城乡一体化的建设，彰显蓝天、碧水、青山、绿地的城市风貌。

### （二）生态文明建设的经济效益

生态文明建设下的经济建设是人类在飞速发展的工业文明的基础上提出来的，如果说工业文明给人类社会带来了膨胀式的快速经济利益，那么生态文明意义上的经济建设就是给人类社会的经济带来可持续的长远利益。美国学者莱斯特·布朗认为，经济学家和生态学家携起手来就可以构建出一种经济，这是“一个能维系环境永续不衰的经济——生态经济，要求经济政策的形成，要以生态原理建立的框架为基础。生态学家与经济学家之间的关系，犹如建筑师与建造商之间的关系，理应由生态学家给经济学家提供蓝图”。为此，他又提出了经济增长方式的转变，“现行的经济发展模式（姑且称之为A模式），使世界走上了导致经济衰退并且最终崩溃的环境道路。如果我们的目标是经济的持续进步，就必须转向新的道路——B模式”。这就需要生产方式和生活方式的转变，要求生态文明的生产方式是无废料和无污染的生产，使人类摆脱资源匮乏、环境污染的挑战。

经济发展和生态建设二者并不是矛盾对立的，二者应该是相互促进、协调发展的。生态文明建设的新型经济发展方式给我们的经济带来怎样的好处呢，表现在以下几个方面。

### 1. 保证经济持续稳定的增长

在人类社会再生产的漫长过程中，后代人对自然资源应该拥有同等或更美好的享用权和生存权，当代人不应该牺牲后代人的利益换取自己的舒适，应该主动为后代人留下宽松的生存空间，让他们同我们一样拥有均等的发展机会。

通过产业体系规划和环境质量控制基础设施规划，对产业结构体系做出一系列的调整，以循环经济、生态工业为主导的经济体系建设，使资源利用在时间维上保持持续性，促进经济总量持续稳定增长。城市、农村居民的生活水平也将得到迅速的提高，人民生活水平得到长足的改善。

### 2. 促进经济快速高效的增长

在确保经济快速高效增长的前提下，与生态文明建设有机结合，建立经济高效生态产业模式。即在产业类型上，形成由清洁生产企业组成的循环经济产业体系；在产业布局上，形成由若干生态工业园区组成的生态产业群；在生产工艺上，做到无废或少废，实现生产过程再循环、再利用；在资源利用上，以“低耗、高效”的资源利用方式，以技术进步为支撑，通过优化资源配置，最大限度地降低单位产出的资源消耗量和环境代价。这样，不断提高资源的产出效率和社会经济的支撑能力，确保经济持续增长的资源基础和环境条件。

### 3. 均衡经济区域生态化发展

区域的资源开发利用和区域发展不应损害其他区域满足其需求的能力，并要求区域间资源环境共享和共建。按照循环经济的理论，根据市场经济规律和现有产业优势和区位的特点，合理调整产业结构和布局，不仅有助于减少单位资源消耗量和产污量，而且培育新的经济增长点。结构和布局的调整使经济更加良性循环，经济实力稳步提高，将极大增强经济发展的潜力，同时随着旅游等绿色产业的高速发展，污染行业的逐步弱化，不仅使经济增长方式发生根本的变化，也将有利于生态环境的改善。改变资源和能源的利用方式，资源使用效率提高，排污强度减少，有利于生态环境的进一步改善。

### 4. 减少生态环境破坏的经济损失

随着生态环境的改善和环境质量的提高，将有效地减少生态破坏和环境污染所带来的对人体健康和社会活动的经济损失。研究表明，污染治理投资扩大了内需，形成了污染治理设施，增加了治理污染的能力，为改善环境质量提供了条件，同时，也创造了GDP，增加了利税，提供了新的就业机会，拉动了经济的发展。生态文明建设不仅包括污染治理，而且还包括生态建设等，因此对经济的拉动作用会更大。

### （三）生态文明建设的社会效益

生态文明建设能够为人们的生产生活提供必需的物质基础，生态文明观念作为一种基础的价值导向是构建社会主义和谐社会不可或缺的精神力量。随着人们日益增长的物质文化需求，对生活质量提出了新的更高的要求，希望喝上干净的水、吸上清新的空气、吃上放心的食品、住上舒适的房子等。创造一个良好的生态环境使自然生态保持动态平衡和良性循环并与人们和谐相处，比以往任何时候都显得更加迫切。如果没有一个良好的生态环境，便无法实现可持续发展，更无法为人民提供良好的社会环境。

**1. 提高人们的生态文明程度，增强凝聚力**

生态文明建设通过对体制文化、认知文化、心态文化和物态文化等四个层面的文化建设，以及对不同类型生态社区的环境和文化建设，促进所有受教育者包括决策者、管理者和普通市民的生态文明程度及人口素质的显著提高，引导人民的价值取向、生产方式和消费行为从消费型向持续发展型转变。鼓励公民献计献策，参与生态文明的建设和相关讨论，了解生态文明建设的意义、目的、内容和作用。生态文明建设宣传教育会提高公民环境意识和素质，规划中各项制度的建立和完善有助于提高政府管理能力，公民和政府的共同参与使生态文明建设更具有向心力，增强了人民的凝聚力。

**2. 改善人居环境，提高居民生活质量**

生态文明建设和“以人为本”的生态建设，为城乡居民提供了良好的生态环境基础，使人既可以充分享受现代都市的生活，又可以徜徉具有自然和田园之美的乡村风光。大规模的绿地系统将建成交错布置、隔离开来，既保护了自然生态环境，又为人提供了旅游观光、休憩游玩的去处。

通过生态城乡、绿色家庭的建设更符合现代人的行为特点，将生态意识、绿色消费观念带进家庭生活，居民的环保意识、消费品位和生态文化素质不断提高，在创造人与环境友好、邻里亲密、和睦相处的社区氛围的同时，提高了居民的生活质量、生态文化和消费品位。

**3. 维护生态安全，保障社会和谐稳定发展**

随着我国经济发展和综合国力的不断增强，环境与资源也成为国家发展的硬约束，生态环境安全也逐步被认识，世界范围内的环境变化引起的极端事件，足以说明生态安全能影响民族和国家的生存和发展，能影响社会稳定和经济的发展。生态文明建设的重要性也日益凸显，通过水源涵养地和湿地系统、生物栖息地网络等自然生态过程的维护，来保护国土生态安全格局、区域生态安全格局和城市与乡村微观生态安全格局。

生态安全格局的稳定，有利于社会矛盾的解决。将生态文明建设渗入到城乡、区域的生态环境、食品安全、城乡居民收入公平等问题中，体现人、资源、环境和区域协调发展的核心地位。推进城乡一体化，建设“环境友好型”、“资源节约型”的两型社会，为人民创造良好的生产生活环境，放眼全球，维护生态安全促进社会稳定健康发展。

## 二、生态文明建设前景展望

### （一）生态产业展望

建立起以循环经济为核心的生态经济体系，走新型工业化道路，达到生态化的产业结构，即第三产业占主导地位，第二产业发展质量较高，第一产业基础地位牢固的理想模式。循环经济得到培育发展，实现资源在生产链条中多次、反复、循环利用，形成“资源——产品——再生资源”的循环流动。低碳经济、清洁生产得到大力发展，达到资源消耗最少化、废物排放最小化、终端产品无害化和综合效益最大化的目标，从而最大限度地减少对资源的消耗和对环境的污染，实现经济发展的“低投入、低消耗、低污染和高效益”。大力发展新能源、可再生能源技术、节能技术。进一步发展生态农业、生态工业、现代服务业，倡导绿色消费，形成一条科技先导型、资源节约型、清洁生产型、生态保护型、循环经济型的经济发展途径。

### （二）生态制度展望

建立起资源节约型、环境友好型社会和可持续发展的法律法规与政策体系，政治体制进一步得到改革，领导干部树立起正确的发展观和生态观，由各级政府发挥主导和主体作用，为推进生态文明建设提供制度基础、社会基础以及相应的政治保障。把生态文明建设纳入各级党委、政府及领导干部的政绩考核体系，建立健全监督制约机制，使生态文明建设能够落到具体的实践行动。将生态文明建设纳入法制化的轨道，明确社会成员应享有的生态权利和应承担的生态义务，公众的社会行为得到规范，生态文明成为社会的主流意识，生态建设成为公众的自觉行动。

### （三）生态文化展望

树立起生态文化意识，进一步加强生态环境道德教育，使人们对生态文化的认同感提高，人们对自然生态环境行为的自律性增强。社会主义文化大发展大繁荣，兴起社会主义文化建设新高潮，发挥文化引领风尚、教育人民、服务社会、推动发展的作用。人民牢固树立生态文明观念，生态文明融入和贯穿文化建设，进一步发展生态文化产业和事业，发展生态哲学、生态伦理学、生态经济学、生态法学、生态文艺学等，以及它们在实施生态文明战略中的实际应用，社会的生态意识、生态价值观念、生态思维和生态生产创造力不断提高，我国文化软实力显著增强。摒弃人类自我中心的思想，按照尊重自然、人与自然相和谐的要求赋予文化以生态建设的含义。

### （四）生态社会展望

创造出良好的社会生活环境，建立民主、安定团结的秩序以及高效率的社会管理体系，形成以生态文化意识为主导的社会潮流，树立以文明、健康、科学、和谐生活方式为主导的社会风气。实现人口良性发展，提高人口素质，使人口负担转变为人力资源优势。实现消费方式的生态化，逐步形成有利于人类可持续发展的适度消费、绿色消费的生活方式，大力提倡节约型消费，改变“一次性消费”和“类一次性消费”。反对自私的享乐观，拒绝挥霍铺张、浮华摆阔等消费行为。做到从点点滴滴做起，减少或杜绝生态破坏、环境污染和资源浪费。全面落实以人为本、重视民生、增加居民收入、发展成果由人民共享、缩小收入差距和社会公平的政策措施，全面落实民主、反对腐败的政策措施和建设生态文明战略，实现人与人的社会关系和谐，实现人与自然的生态关系和谐，走向人与人社会和谐、人与自然生态和谐的生态文明社会。生态文明建设将带来一个人民安居乐业、社会民主公正、政府清正廉洁、国家昌盛强大的太平盛世。

## （五）生态环境展望

资源利用效率进一步提高，大幅度降低污染排放强度，实现废物减量化、资源化、无害化，加强对环境产生重大影响的工业建设项目的审批，进一步开发和推广节约、替代、循环利用和治理污染的先进适用技术，发展清洁能源和可再生能源，保护土地和水资源，建立起科学合理的能源资源利用体系；完善有利于节约能源资源和保护生态环境的法律和政策，形成可持续发展体制机制；水、大气、土壤等污染防治得到加强，城乡人居环境得到改善，解决食品与饮用水安全问题；水利、林业、草原建设和荒漠化治理得到加强，进一步促进生态修复，加快自然保护区建设；生态补偿机制得到完善，征收生态补偿费或资源税，建立环境公益诉讼制度，加强国际合作、应对气候变化能力建设，实现全球生态治理。

然而，应该清楚地认识到我国生态文明建设仍然任重而道远。建设中国特色社会主义生态文明，是与政治、经济、社会、文化、科技等息息相关的一项崭新的事业，是一个不断实践、逐步深化和开拓创新的历史过程，更是一个长期的系统工程，还需要我们进一步深化、丰富和提高，不断探索中国生态文明建设的新道路。它不仅是对我国社会主义建设规律的科学把握，也是对人类社会发展规律的准确把握。目前我国生态文明建设的意识还有待提高，还存在认识模糊、责任感不强、行动不积极的问题。生态文明建设的制度不完善、机制不健全、政策不配套和激励不到位的问题仍然突出。转变经济发展方式还有诸多障碍，节能减排的压力重重，环境状况总体恶化的趋势尚未得到根本遏制，重点区域的生态环境问题十分严重。我国长期处于社会主义初级阶段，在社会主义市场经济体制下，经济全球化竞争日益激烈，加之受限于经济发展、文化水平、科学技术进步等因素的影响，这决定了我国社会主义生态文明建设必将是一个长期、循序渐进的过程，必须进一步提升生态文明建设的战略地位，从最突出、最紧迫、对民生影响最大的环境问题入手，深入持久地推进生态文明建设。

只有通过全社会的共同努力，走一条适合我国国情的可持续发展的生态文明之路，才能实现建设"美丽中国、和谐中国"的梦想，实现经济繁荣、生态良好、人民幸福，给自然留下更多修复空间，给农业留下更多良田，给子孙后代留下天蓝、地绿、水净的美好家园，进而实现中华民族的伟大复兴。用生态文明点燃人类新文明之光，以生态文明引领世界的未来，这是中华民族伟大复兴的历史使命，也将是中华民族对人类的新的伟大贡献！

# 主要参考文献

［1］巴里·康芒纳. 封闭的循环：自然、人和技术［M］. 长春：吉林人民出版社，1997.

［2］郭亚军. 综合评价理论与方法［M］. 北京：科学出版社，2002.

［3］胡锦涛. 坚定不移沿着中国特色社会主义道路前进，为全面建成小康社会而奋斗——在中国共产党第十八次全国代表大会上的报告.

［4］姬振海. 生态文明论［M］. 北京：人民出版社，2007.

［5］莱斯特·R. 布朗. 生态经济［M］. 东方出版社，2002.

［6］雷毅. 生态伦理学［M］. 陕西人民教育出版社，2000.

［7］梁家勉. 中国农业科学技术史稿［M］. 农业出版社，1989.

［8］林伟强. 珠江三角洲绿道网规划方法研究［D］. 华南理工大学，2012.

［9］刘湘溶，朱翔等. 生态文明——人类可持续发展的必由之路［M］. 湖南师范大学出版社，2003.

［10］刘湘溶. 生态文明论［M］. 湖南教育出版社，1999.

［11］骆世明，陈聿华，严斧. 农业生态学［M］. 长沙：湖南科学技术出版社，1987.

［12］马维野. 全球化时代的国家安全［M］. 湖北教育出版社，2006.

［13］毛文永，文剑平. 全球环境问题与对策［M］. 中国科学技术出版社，1993.

［14］闵庆文. 生态足迹的概念、内涵与应用简介. 张富杰主编：生态经济与小康建设［M］. 贵州人民出版社，2004.

［15］闵宗殿. 中国古代农耕史略［M］. 河北科学技术出版社，1992.

［16］欧阳志远. 生态化——第三次产业的实质与方向［M］. 中国人

民大学出版社，1994.

［17］潘岳. 生态文明的前夜［J］. 瞭望，2007，43：38－39.

［18］彭世奖. 中国农业传统要术集萃［M］. 中国农业出版社，1998.

［19］孙道进. 马克思主义环境哲学研究［M］. 北京：人民出版社，2008.

［20］王如松. 产业生态学基础［M］. 北京：新华出版社，2006.

［21］吴琼等. 生态城市指标体系与评价方法［J］. 生态学报，2005，8：2090－2095.

［22］希拉里·弗伦奇. 消失的边界［M］. 上海译文出版社，2002.

［23］夏光. 论环境保护的国家意志［J］. 环境保护，2007，3B：17－21.

［24］星野芳郎. 未来文明的原点［M］. 哈尔滨：哈尔滨工业大学出版社，1985.

［25］许振成，王俊能，彭晓春，郭梅. 珠三角规划纲要引领下的广东可持续发展［J］. 广州大学学报（自然科学版），2009（06）：49－53.

［26］余谋昌. 生态哲学［M］. 西安：陕西人民教育出版社，2000.

［27］曾凡棠.《南粤水更清行动计划（2012～2020年）》，2012.

［28］张修玉. 全球变暖下的森林生态系统碳循环及其驱动机制分析［A］. 第二届全国博士生学术论坛［C］，2008，254－266.

# 后　　记

面对资源约束趋紧、环境污染严重、生态系统退化的严峻形势，中国以拥有全世界1/4的人口在相对劣势环境资源条件下快速发展并实现民族伟大复兴的中国梦，需要横向上聚集当前全人类的智慧，纵向上传承中华五千年文化与文明制度。纵横交错，树立起尊重自然、顺应自然、保护自然的生态文明新理念，把生态文明建设放在突出地位，才能实现中华民族永续发展，建成美丽中国。

从“发展是硬道理”到“树立科学发展观”，再到“开辟生态文明的中国特色新道路”是中华民族对人类文明发展的重大贡献。《新时期广东生态文明建设》作为环境保护部华南环境科学研究所关于生态文明研究的最新成果，是全所生态文明领域研究人员集体智慧的结晶。受广东省人力资源和社会保障厅的委托，在李远书记的主持下，我所组织精干力量，成立编写小组，全体编写人员以饱满热情，加班加点，及时完成了书稿，付出了艰辛的劳动。在此，谨向编写小组全体人员致以诚挚的敬意与衷心的感谢！

环境保护部华南环境科学研究所作为环境保护部直属院所，始终坚持“立足华南，面向全国，走向世界”的建所方针，以热带、亚热带区域环境问题，经济特区、沿海开发区、大城市与特大城市群和港澳台等发达地区环境问题，河口、感潮河网、海洋等复杂水环境模拟，区域、流域可持续发展，污染控制方法创新等为主要研究方向，多年来承担了大量的国家及华南地区环境科学研究任务，为国家和地方提供了各种管理决策和污染防治技术支持。

在生态文明建设研究领域，环境保护部华南环境科学研究所研究团队一直坚持探索钻研，形成了自己独到的创新理念。在国家发改委项目《生态文明建设战略研究》中，许振成副所长与张修玉博士从国家战略高度提出了生态文明建设战略框架体系；在环保部公益专项《基于分区管理的生态文明建设指标体系和绩效评估方法研究》中，李远书记与张修玉博士研究了分区管理的生态文明评估方法；在中央级公益性科研院所基本科研业务专项《生态文明城市建设规划标准体系创新研究》中，彭晓春处长与张修玉博士提出了生态文明城市建设规划的标准体系。此外，在《环境功能区划的基本思路和方法研究》、《国家“十二五”环保规划思路、理念和政策创新研究》等研究中，同样闪烁着生态文明的诸多先进思想理念，本书许多观点与研究成果来源于以上研究项目，对以上课题的资助与支持以及参与以上课题的研究人员表示特别感谢！

在生态文明建设实践方面，环境保护部华南环境科学研究所积极为地方服务，先后承担了《珠海市生态市建设规划》、《惠州市生态市建设规划》、《大连金州区生态文明建设规划》以及《韶关市碳排放调查与低碳经济规划》、《南粤水更清行动计划》等一系列项目，不但为地方生态文明建设提供了一系列技术指导，而且为地方政府部门加强监督决策管理提供了方法借鉴。

作为广东省专业技术人员公需科目培训教材之一，本书在撰写过程中，得到了环境保护部总工程师万本太同志的悉心指导和关怀，并担任编辑委员会顾问，由广东省人社厅林应武厅长担任主任、李长峰副厅长担任副主任。具体编撰组织工作由广东省人社厅继续教育处和环保部华南环境科学研究所承担，共同研究确定编写框架和主要内容。原环境保护部生态司彭近新司长以及环保部规划院生态部张惠远主任与中国生态文明研究与促进会研究部胡勘平主任也给予了很多支持与帮助，在此一并表示衷心的感谢！

由于编者水平有限，加上时间仓促，书中尚有不足之处，敬请广大读者批评指正！

编者于广州员村山顶7号大院

2013年4月10日